合成孔径雷达山地农业应用
——烟草种植监测

周忠发 李 波 万 能 等著

科学出版社
北 京

内 容 简 介

本书提出运用合成孔径雷达（SAR）遥感技术，在喀斯特山区基于多极化、多波段、多时相的SAR数据对农作物进行动态监测，建立能准确识别地物种类、精确提取地物面积的SAR农情定量监测技术。以现代烟草种植为例，把可穿透云层的高分辨率雷达数据用于贵州喀斯特高原山区现代烟草农业生产调查中，建立现代烟草农业生产监测、烟草面积精准提取和烟叶估产模型。主要研究内容包括雷达图像处理技术、作物极化散射特征分析、作物识别与分类方法、作物面积提取及估产，提出一套适用于贵州高原山区的SAR农情监测与估产新技术，解决了贵州高原山区特殊地理环境与气候条件下光学遥感数据获取困难的问题，填补了国内运用SAR遥感数据进行高原山区农情监测的技术空白，为同类地区其他农作物的遥感动态监测与估产提供了理论、方法与技术支撑。

本书可供从事高原山区资源与环境遥感监测、山地农业SAR遥感应用、地理信息系统与遥感研究的科研与技术人员以及高等院校相关专业师生阅读参考。

图书在版编目(CIP)数据

合成孔径雷达山地农业应用：烟草种植监测 / 周忠发等著.
—北京：科学出版社，2017.11
 ISBN 978-7-03-055675-2

Ⅰ.①合… Ⅱ.①周… Ⅲ.①合成孔径雷达-应用-山区农业 Ⅳ.①F30

中国版本图书馆 CIP 数据核字（2017）第292567号

责任编辑：张 展 唐 梅 / 责任校对：韩雨舟
责任印制：罗 科 / 封面设计：墨创文化

科 学 出 版 社 出版
北京东黄城根北街16号
邮政编码：100717
http://www.sciencep.com

*成都锦瑞印刷有限责任公司*印刷
科学出版社发行 各地新华书店经销

*

2017 年 11 月第 一 版 开本：787×1092 1/16
2017 年 11 月第一次印刷 印张：10 1/2
字数：280 千字
定价：108.00 元
（如有印装质量问题，我社负责调换）

本书编写人员

周忠发　李　波　万　能　闫利会　陈　全

贾龙浩　符　勇　胡九超　王　昆　廖　娟

王　平　殷　超　王　瑾　张勇荣

作者简介

周忠发，男，汉族，中共党员，1969 年 6 月生，贵州遵义人，教授、博士生导师，贵州省省管专家、贵州师范大学喀斯特研究院/地理与环境科学学院副院长、国家喀斯特石漠化防治工程技术研究中心副主任、贵州省喀斯特山地生态环境省部共建国家重点实验室培育基地副主任、国家遥感中心贵州分部（贵州省遥感中心）主任、贵州省委"服务决策专家智库"专家、贵州省减灾委员会专家委员会主任、贵州省优秀青年科技人才、贵州省高层次创新型"百"层次人才。

主持国家重点基础研究发展计划（973 计划）课题"人为干预下喀斯特山地石漠化的演变机制与调控"（2012CB723202）、国家"十二五"科技支撑计划重大课题"喀斯特高原峡谷石漠化综合治理技术与示范"（2011BAC09B01）、国家自然科学基金"岩溶洞穴 CO_2 迁移变化机制及对洞穴岩溶环境的影响研究"（41361081）"喀斯特石漠化地区生态资产与区域贫困耦合机制研究"（41661088）、贵州省重大应用基础研究项目"喀斯特石漠态化生修复及生态经济系统优化调控研究——喀斯特区岩土类型格局"（黔科合 JZ 字〔2014〕200201）、贵州省科技计划工业攻关项目"喀斯特山区 SAR 遥感平台监测与识别关键技术研究与应用"（黔科合 GY 字〔2013〕306）等国家级、省部级和成果转化项目 100 余项。曾赴美国、意大利、德国、俄罗斯、芬兰、法国等国进行喀斯特生态环境修复科学考察与参加国际学术交流。发表论文 130 余篇，出版《人为干预下喀斯特石漠化演变机制与调控》《喀斯特山区草地资源遥感与 GIS 典型研究》《喀斯特石漠化的遥感–GIS 典型研究——以贵州省为例》《望谟特大山洪泥石流灾后重建——资源环境承载能力评估》等专著 9 部，授权专利与软件著作权等 20 余项，获省部级奖励 10 余项。

在喀斯特山区遥感大数据应用、北斗定位与 GIS 技术、山地农业园区信息化管理、石漠化综合治理与决策支持、山地资源环境承载能力评价与监测预警、喀斯特地区易地扶贫搬迁模式研究、脱贫攻坚规划研究、主体功能区空间规划、生态保护红线、山区灾后重建、喀斯特地貌与洞穴、世界遗产申报与保护等领域取得标志性研究成果。

前　言

　　《合成孔径雷达山地农业应用——烟草种植监测》一书是贵州省工业攻关计划项目"喀斯特山区 SAR 遥感平台监测与识别关键技术研究与应用"（黔科合 GY［2013］3062）、中国烟草总公司贵州省公司下发科技项目"贵州山区烟草种植遥感定量监测关键技术研究与示范"（201013）、贵州省工业攻关计划项目"高原山区农情雷达遥感监测关键技术研究与示范"（黔科合 GY 字［2009］3060）、国家自然科学基金地区项目"喀斯特石漠化地区生态资产与区域贫困耦合机制研究"（41661088）、贵州省高层次创新型人才培养计划——"百"层次人才（黔科合平台人才［2016］5674）、贵州省科技计划"基于北斗卫星的山地高效农业产业园区智能管理系统开发与应用"（黔科合 GY 字［2015］3001）、贵州省国内一流学科建设项目"贵州师范大学地理学"（黔教科研发［2017］85号）等省部级成果转化与推广课题的研究成果，同时依托国家遥感中心贵州分部（贵州省遥感中心）（黔科合计 Z 字［2012］4003）、贵州省喀斯特山地生态环境省部共建国家重点实验室培育基地、国家喀斯特石漠化防治工程技术研究中心等平台建设研究成果使本书进一步充实完善。

　　贵州省多云、多雾、多雨、地形破碎并且起伏大，传统多光谱遥感监测数据难以及时获取。此外，贵州山区耕地破碎程度高、作物插花种植现象严重、间作套种普遍、种植结构较复杂、传统的调查方法精度不高等问题，迫切需要一种新技术来解决。基于上述原因，本书提出运用合成孔径雷达（SAR）遥感技术，以现代烟草种植为例，在喀斯特山区基于多极化、多波段、多时相的 SAR 影像进行动态监测，建立能准确识别地物种类、精确提取地物面积的 SAR 农情定量监测技术，提出一套适用于贵州高原山区农情监测与估产 SAR 遥感的新技术，填补国内运用 SAR 遥感进行高原山区农情监测的技术空白，以推进贵州省遥感事业的发展，为同类地区其他大宗农作物的遥感动态监测与估产提供理论、方法与技术支撑。同时，利用 SAR 技术对农业的土地利用、耕地质量变化、土壤墒情监测等方面进行探讨，提高山区复杂地块的分类识别精度，并提供可靠、便捷、快速的监测方法。

　　在项目立项、研究、总结和书稿的编写过程中得到了贵州师范大学、贵州省科学技术厅、中国烟草总公司贵州省公司、清镇市烟草公司、贵州省农业资源区划研究中心、贵州北斗空间信息技术有限公司等的指导与支持，他们对项目的执行和本书的编写提出了许多指导性意见。本书第 1 章主要由李波、贾龙浩、廖娟完成；第 2 章主要由闫利会、张勇荣、王平完成；第 3 章主要由万能、闫利会、李波完成；第 4 章主要由周忠发、陈全、胡九超、廖娟完成；第 5 章主要由周忠发、陈全、王昆、符勇、王瑾完成；第 6 章主要由周忠发、王平、廖娟、殷超完成。周忠发、廖娟、王平、殷超主要负责内容整理与插图处理，周忠发对全书进行最终修改和定稿。参加野外遥感调查、样方监测、数据处理与实验分析、光谱采集与分析、模型构建等研究工作的还有李继新研究员、柏建国高级经济师、崔亮总经理、康万杰硕士、孙树婷硕士、刘智慧硕士、邹长慧助研、汪炎林硕研、刘志红硕研、汤云涛硕研等，在此一并感谢。

限于我们的水平、技术、经验和掌握的材料及时间方面的原因，书中的疏漏和不足在所难免，敬请读者批评指正。

作　者

2017 年 10 月 1 日

目　　录

第1章 雷达遥感技术在农业的应用和趋势

1.1 雷达遥感技术在农业应用的意义

1.1.1 雷达遥感的特点

农业是人类社会赖以生存和发展的基本生活资源的来源，是人类衣食之源、生存之本，是一切生产的首要条件。农业是国民经济中一个重要的产业部门，它为国民经济其他部门提供粮食、副食品、工业原料、资金和出口物资(杨邦杰等，2002)。农业一直是遥感的重要用户之一，农作物的遥感动态监测和估产一直都是一个具有挑战性的难题。我国自然条件复杂，地块破碎，种植结构多样，农业生产技术水平差距较大，因此，利用遥感技术进行农作物的定量监测具有很大的困难。光学遥感已经在农业中得到广泛应用，主要应用于农业耕地资源的调查、农作物长势监测和产量估算、作物病虫害监测与预报，并都已累计了大量的技术、方法、经验和人才。但在我国南方，由于阴雨天较多，光学遥感数据的获取受到极大的限制。而装置在航天或是航空遥感平台上的合成孔径雷达(synthetic aperture radar，SAR)作为一种主动式微波传感器，它能解决受天气和光照难获取信息源的瓶颈，对地球表面进行成像，获取目标地物的后向散射强度和相位差信息。在距离向，合成孔径雷达通过发射线性调频脉冲，利用传统的脉冲压缩技术获取高分辨率；在方位向，合成孔径雷达记录平台在不同运动位置接收的目标回波数据，并利用目标回波的相干性，通过相位校正得到等效的窄波束天线，从而实现方位向的高分辨率。合成孔径雷达的分辨率高，与可见光、红外传感器相比具有独特的优势和无法替代的作用，被广泛应用于工农业生产、科研和军事等领域。目前，在航空测量、遥感、卫星海洋观测、航天侦察、图像匹配制导中正发挥着突出作用。归纳起来合成孔径雷达具有以下几个特点。

(1)具有全天候、全天时的观测能力，当雷达工作于高频波段时，能在云层、雨、雾和烟尘环境下获得清晰的目标图像。

雷达是"无线电探测与测距"(radio detection and ranging，Radar)的缩写，Radar的音译，它的工作波段为电磁波谱的射频与微波波段，波长为 1mm~1m。电磁波在空中的传播受到两个因素的影响，即大气的吸收作用和大气的散射作用。大气的吸收作用使入射的电磁波的能量转换成大气分子的运动；大气的散射作用使入射的电磁能量重新分配。在大气成分中，对微波产生吸收的主要成分是氧气和水蒸气，这种吸收作用是与波长有关的，因此，可以通过选择不同波段的微波来达到减少大气的吸收而引起的衰减。而大气的散射作用则主要取决于大气分子或大气颗粒的半径与发射的电磁波的波长，对短波的散射很强，对长波的散射则较弱，微波波长是可见光波长的 10^5 倍，可见大气中的散射对微波遥感的影响不大。云雾是由液态的水滴和冰晶粒子组成的，它们的直径为 $1\sim100\mu m$，比微波的波长要小一个数量级以上，因此，云雾对微波遥感的影响很小。所以，微波遥感的第一个特点是其全天候的能力。另外，微波是主动式的遥感方式，因而它也不受光照的影响，具有全天时的观测能力。

(2)雷达波对地物具有一定的穿透能力。

雷达波具有一定的穿透能力，能够穿透天然植被、人工伪装和地表层一定深度的土层，这种穿透能力可以用一个公式来表示，假设电场在介质中的衰减常数为 α，则穿透深度为

$$\delta_p = \frac{1}{2\alpha} \tag{1-1}$$

对于 $\frac{\varepsilon_\lambda''}{\varepsilon_\lambda} \leqslant 1$ 的介质，可以表示成式(1-1)。

$$\delta_p = \frac{\lambda}{2\pi} \frac{\sqrt{\varepsilon_\lambda'}}{\varepsilon_\lambda''} \tag{1-2}$$

式中，λ、ε_λ'、ε_λ'' 分别为雷达波的波长和负介电常数的实部和虚部。

雷达对地面的穿透能力随着土壤湿度的增加而降低，随着波长的增加而增加，在沙漠地区可以穿透几十米(刘海岩等，2005)。

(3)雷达图像空间分辨率与波长、雷达高度、雷达作用距离无关。

SAR 图像分辨率包括距离向分辨率(range resolution)和方位向分辨率(azimuth resolution)。距离向分辨率，即垂直方向上的分辨率，也就是侧视方向上的分辨率。距离向分辨率与雷达系统发射的脉冲信号相关，与脉冲持续时间成正比。

$$Res(r) = c\tau/2 \tag{1-3}$$

式中，c 为光速；τ 为脉冲持续时间。

方位向分辨率，即沿飞行方向上的分辨率，也称沿迹分辨率。如下为推算过程。

真实波束宽度

$$\beta = \lambda/D \tag{1-4}$$

真实分辨率

$$\Delta L = \beta R = L_s(合成孔径长度) \tag{1-5}$$

合成波束宽度

$$\beta_s = \lambda/(2L_s) = D/(2R) \tag{1-6}$$

合成分辨率

$$\Delta L_s = \beta_s R = D/2 \tag{1-7}$$

式中，λ 为波长；D 为雷达孔径；R 为天线与物体的距离。

从式(1-1)~式(1-7)可以看到，SAR 系统使用小尺寸的天线也能得到高方位向分辨率，而且与波长、斜距离无关(就是与遥感平台高度无关)。

(4)雷达遥感能获取光学遥感以外的信息。

光学遥感(可见光、近红外和短红外光)图像是地面目标对太阳光的反射的记录，由于可见光的穿透能力较差，基本上不具备体散射，因而可见光遥感图像反映的地面目标的特性比较单一。雷达遥感图像所记录和反映的是地面目标的波长、入射角、极化方式

等特性，因此，不同的雷达工作参数(波长、入射角、极化方式)和地域参数(粗糙度、介电常数等)在雷达图像上会产生不同的色调和纹理。同时，雷达图像还具有一定的穿透能力，因此，雷达遥感能获取许多可见光遥感方式所无法得到的信息。

雷达遥感当然也有不足的地方，例如雷达遥感影像的几何关系复杂，与光学遥感影像相比，处理起来要复杂得多。

1.1.2　雷达遥感对多云多雨地区农业应用监测的重要性

合成孔径雷达系统诞生于 20 世纪 60 年代，但其应用始于 20 世纪 90 年代。一系列星载 SAR 系统发射升空，特别是加拿大雷达卫星的商业化运行之后，其在农业领域的应用得到了长足的发展。雷达遥感技术为农业应用提供与光学遥感不同的信息，刻画农作物的几何结构、含水量、冠层粗糙度，反映冠层与土壤层的结构特性的体散射信息等。它的全天候、全天时的成像能力，保证了农业应用对高重复覆盖率及特定时相遥感数据源的获取，可以应用于农作物类型识别、种植面积量算、土壤条件和土地利用调查、农业灾害损失评估、耕种活动与状态及土壤含水量探测。这些信息为农作物遥感估产，特别是多云多雨地区的农作物估产提供信息源保障和全天时、全天候的观测手段(陈劲松等，2006)。

贵州位于副热带东亚大陆的季风区内，气候类型属中国亚热带高原季风湿润气候，是一个典型的多云多雨地区。中部、北部和西南部在内的全省大部分地区，年平均气温为 14~16℃；而南部边缘的河谷低洼地带和北部赤水河谷地带的其余少数地区，年平均气温为 18~19℃；东部河谷低洼地带为 16~18℃，海拔较高的西北部为 10~14℃。常年雨量充沛，全省各地多年平均年降水量大部分地区为 1100~1300mm，最大值接近 1600mm，最小值约为 850mm。从降水的季节分布看，一年中的大多数雨量集中在夏季，但下半年降水量的年际变率大，常有干旱发生。光照条件较差，降雨日数较多，相对湿度较大。全省大部分地区年日照时数为 1200~1600h，地区分布特点是西多东少，即西部约 1600h，中部和东部为 1200h，年日照时数比同纬度的我国东部地区少 1/3 以上，是全国日照最少的地区之一。各地年雨日一般为 160~220d，比同纬度的我国东部地区多 40d 以上。全省大部分地区的年相对湿度高达 82%，而且不同季节之间的变幅较小，各地湿度值之大以及年内变幅之平稳在同纬度的我国东部平原地区所少见(朱品国，2012)。在贵州如此一个多云、多雨、多雾的地区，获取光学遥感数据(如陆地卫星、TM 数据和气象卫星数据)相对于中国北方地区来说要困难得多。如何用雷达遥感数据来弥补光学遥感数据的缺失，如何利用雷达遥感进行农作物种植监测和农业估产，将是该区域发展农业遥感需要重点研究的问题。

1.2　雷达遥感技术在农业的应用现状

航天微波遥感的发展已经历了近 30 年，具有全天候、对表面和云层的穿透性及信息载体多样性等特点，在实际应用中表现出很强的生命力，在短短的时间内取得了长足发展，已形成了一个完整的学科体系和技术系统。微波遥感已成为把地球作为一个系统来研究，提供快速、全面信息，了解全球过程和地球圈层间相互作用的重要信息支持手段

（姜景山，2000）。从未来要开展的星载 SAR 计划可以看出，星载合成孔径雷达正在向多波段、多极化、高分辨率发展，向商业化、小型化发展。地区阴雨天气多，获取清晰可用光学遥感数据没有保障，给常规遥感技术的应用带来了困难。而应用雷达遥感影像资料进行作物监测可以不受云、雨、雾的影响，可全天候操作，得到稳定可靠的数据（张萍萍等，2006）。下面对这些新研制的 SAR 系统进行介绍。

1.2.1　微波遥感的发展

1. 国际微波遥感的发展

微波传感器开始用于空间遥感是从美国在 1967 年首次使用双频道微波辐射计测量金星表面温度开始的。在 1968 年，苏联发射"宇宙-243"卫星，首次实现通过微波辐射计进行对地球的微波遥感。自此以后，美国又相继发射"雨云"气象卫星系列、"天空试验"和"海洋卫星-A"等，进行了一系列空间微波遥感试验。1978 年，"雨云-7"卫星和"海洋卫星-A"的发射成功，为微波遥感技术开启了新的发展阶段。"海洋卫星-A"是一颗综合性强的微波遥感卫星，它所装载的多波段微波扫描辐射计、微波高度计、微波散射计和合成孔径侧视雷达，获得了大量有价值的微波遥感数据，其中微波高度计测量大洋水准面的精度已达到 7cm，显著提高了测量精度，把微波遥感技术推进一大步。

20 世纪 80 年代，美国哥伦比亚航天飞机在第二次飞行时装载了成像雷达 SIR-A。1984 年利用航天飞机又将 SIR-B 载入太空。这些微波遥感成像系统提供了大量的地面数据，甚至解译出了撒哈拉沙漠中的古尼罗河河道，取得了重大的突破，为微波遥感的进一步发展奠定了基础。

20 世纪 90 年代，微波遥感进入了一个新的重要阶段。1991 年，欧洲空间局发射了 ERS-1 卫星；1993 年，日本发射了 JERS-1 卫星；1995 年，加拿大发射了 RADARSAT-1，标志着广泛应用微波遥感阶段的到来。随着 2002 年欧空局发射 ENVISAT 和 2007 年加拿大发射 RADARSAT-2，微波遥感已与可见光及红外遥感并驾齐驱，对人类认识世界和改造世界起着重大作用。

航天微波遥感已成为广泛用于研究人类活动对全球影响、探测非常事件、保卫国家安全的主导性遥感手段。其应用包括海洋、大气、陆地、冰雪、空间探测及军事等方面。近几年来发射的主要载有合成孔径雷达的卫星有以下几种（舒宁，2000）。

1）日本 PALSAR 系统

日本先进陆地观测卫星（ALOS）是高分辨率对地观测卫星，主要运用在地形制图、环境和灾害监测等方面。ALOS 上装载着光学传感器和 L 波段相控阵合成孔径雷达（PALSAR）。

L 波段相控阵合成孔径雷达（PALSAR）是 JERS-1 SAR 的后继传感器，是由日本国家空间发展局（NASDA）和日本资源观测系统组织（JAROS）联合研制的。PALSAR 使用相控阵天线，具有波束可调和多极化成像的能力，可获得入射角 8°～60°的数据，在不同入射角的情况下，噪声等效后向散射系数的变化范围为 $-30 \sim -25$ dB，对一景图像所需的辐射稳定性在 1dB 以内。

为了能更有效地应用 SAR 数据，将 SAR 的成像模式设计为精细模式、扫描 SAR 模式、直接下行模式和极化模式。

（1）精细模式。在距离向的空间分辨率约 10m 左右，可用于详细的土地覆盖分类，用重复轨道干涉测量提取高程数据，通过波束可调的功能和短间隔观测进行灾害监测。要覆盖 8°~60°入射角的观测范围，把可能的观测区域分成 18 个子观测条带。通常采用 HH 或 VV 单极化的工作方式，然而，也可选择两个极化 HH+HV 或 VV+VH 的观测。在俯角为 35°时，单极化的距离向分辨率在 10m 左右，双极化的距离向分辨率为 20m。

（2）扫描 SAR（SCANSAR）模式。在有宽照幅、低分辨率的观测要求时，将采用 SCANSAR 模式。这种模式获取的数据可以有效地用于灾害、海冰、森林等的大面积观测。将观测宽度（可达 350km）分成 5 次扫描，SAR 对每个子照射条带进行观测。所使用的天线波束为 3 个特殊的 SCANSAR 波束再加上 2 个精细模式波束，极化为 HH 或 VV 单极化。这个模式的空间分辨率为 100m 左右，在距离和方位向为多视观测。

（3）直接下行模式。用此模式获取的数据可以直接传输到与 JERS-1/ADEOS 兼容的地面站。这些接收站的数据率可达 120Mbps。在此模式中将使用与精细模式相同的天线波束模式。尽管空间分辨率几乎是一样的，但其辐射特性要比 JERS-1 的辐射特性好得多。

（4）极化模式。在发射信号每一个脉冲时，会使极化方式发生改变，同时会接收到两个极化信号。为了取得高辐射性能，这个操作将在低入射角时进行。计算的噪声等效后向散射系数在 -30dB 左右。为了降低数据率，照射带宽度设在 30km 左右，地距的空间分辨率为 30m。

PALSAR 系统考虑到 JERS-1 数据的连续性、高辐射性能和高信噪比。辐射精度要求为 1dB 的相对精度，而对整个轨道辐射的相对精度为 1.5dB。绝对辐射精度是以外定标目标得到的。表 1-1 是 PALSAR 系统特点。

表 1-1 PALSAR 系统特点

参数	参数值
中心频率/MHz	1270
线性调频脉冲带宽/MHz	28.0/14.0
发射功率峰值/W	2400
天线尺寸	方位向长 8.9m；仰角方向宽 14.0MHz
天线增益/dBi	$Tx36.5$；$Rx35.8$
视角/(°)	10~51
比特长度/bit	5/3
数据率/Mbps	240/120
噪声等效后向散射系数/dB	-25
标准入射角时方位向信号比模糊比/dB	23
辐射精度（相对）	±dB/景，±1.5dB/轨道

用 L 波段 SAR 数据进行重复轨道干涉测量可以得到较高的相关性。尽管 ALOS 有相对较长的重复周期（46d），但由于 PALSAR 与 JERS-1 SAR 相比有更好的距离向分辨率和低噪声水平，在交轨方向对轨道有较好的控制，所以干涉测量数据的基线要比

JERS-1 的基线短，这会给我们带来大量的干涉测量数据。

2）加拿大 RADARSAT-2

加拿大空间局于 2007 年 12 月发射 RADARSAT-2。RADARSAT-2 是加拿大的一颗极其重要的商业化卫星，其在高分辨率、能够左视和右视，及多极化的成像方式将会在测绘和监测领域的市场中占有重要的位置。此系统仍为 C 波段的 SAR，将有 12 种波束模式，最高分辨率可达 3m×3m，还具有全极化功能。加拿大还计划在 RADARSAT-2 的基础上发射 RADARSAT-3，以保障提供雷达数据的连续性。有关 RADARSAT-2 的成像模式见表 1-2。

表 1-2　雷达卫星 2 号成像模式

波束模式	成像宽度/km	入射角/(°)	视数(距离×方位)	分辨率/m
标准模式	100	20~50	1×4	25×28
宽波束模式	150	20~45	1×4	25×28
低入射角	170	10~20	1×4	40×28
大入射角	70	50~60	1×4	20×28
精细模式	50	37~48	1×1	10×9
扫描雷达(宽)	500	20~50	4×2	100×100
扫描雷达(窄)	300	20~46	2×2	50×50
标准 4 极化	25	20~41	1×4	25×28
精细 4 极化	25	30~41	1	11×9
3 倍精细模式	50	30~50	3×1	11×9
超精细(宽)	20	30~40	1	3×3
超精细(窄)	10	30~40	1	3×3

3）意大利 SkyMed/Cosmo 小卫星

SkyMed/Cosmo（Constellation of Small Satellites for the Mediterranean Basin Observation）是由意大利空间局资助，Alenia Aerospazio 公司承担建造的，主要针对地中海区域进行高分辨率的观测，与此同时，也能用于全球尺度的应用研究。它由 7 颗小卫星组成，其中，3 颗卫星载有光学和红外遥感器，4 颗卫星载有 X 波段合成孔径雷达；雷达的空间分辨率达 3m。它主要应用于灾害管理、地质、林业、农业、海洋及陆地水资源、生态等方面。SkyMed/Cosmos 系统具有以下能力：①快速反应时间，即以最快速度把资料送到用户手中；②高质量图像，能够对所需分析尺度的图像进行解译；③全天候的成像能力；④单程成像时获取大面积地区的数据；⑤单程成像时能进行顺轨立体成像；⑥覆盖全球。

微波波段的 SAR，VIS 波段的全色像机，VIS、MR 和 SWIR 波段的多光谱像机，以及 TIR、SWIR、NIR 和 VIS 波段的高光谱像机是装载在 SkyMed/Cosmos 小卫星上的主要传感器。

SAR 系统之所以特别选用了 X 波段，是因为研制单位在为一些军事应用开发的技术已能获取 3m 分辨率的图像，并且在实时数据传输方面已经积累了一定的经验；同时，X 波段 SAR 能够满足对洪水灾害监测、海上溢油探测等应用领域的需要。

设计中的 SAR 系统有效载荷要至少满足高分辨率模式和宽照射带模式的要求。表 1-3 给出了 SAR 系统设计的主要参数。

表 1-3 SkyMed/Cosmos 小卫星 SAR 系统设计参数

参数		高分辨率模式	宽照射带模式
轨道高度/km		619±5	619±5
地面轨迹速度/(km/s)		7.3±0.05	7.3±0.05
视角/(°)		21~44	21~50
入射角/(°)		25~51	25~55
地面照射宽度/km		24~42	>120
*RF 最大功率/kW		7.6	7.6
IFI/MHz		750	750
脉冲宽带/MHz		65~118	41~96
脉冲长度/μs%		18~31	18~3
		7~11	17~11
平均 DC TX 功率/kW		1.56	1.12
几何分辨率	距离/m	2.8	23.1
	方位/m	3.2	22.5
采样格网	距离/m	2.4	25.0
	方位/m	2.9	25.0
辐射分辨率/dB		3.5~3.6	<2
辐射动态范围/(dB/σ_0)		−23~+5	−26~+5
RF 增益变化	最大/dB	+15	+15
	最小/dB	−16	−16
极化		HH	HH
星上数据压缩		6:3	6:2
数据率/Mbps		265	160
质量/kg		480	480

2. 中国微波遥感应用的发展

中国的微波遥感发展起步于 20 世纪 70 年代，相比其他国家来说，起步较晚，但发展却十分迅速。

在国家的科技攻关计划中，它一直被列为重点研究领域，特别是经过"七五"国家攻关计划，在硬件方面已研制成功了合成孔径雷达(SAR)，真实孔径雷达(SLAR)、微波散射计(SCAT)等主动式微波遥感器和多种功率的微波辐射计。在"八五"期间，又研制出机载微波高度计(ALT)。经过多年的概念性研究，终于在 90 年代初将完整的系统方案转入了工程和星载微波成像仪的研制工作。

　　在硬件研制的同时开展了一系列基础研究，测量了大量的地物散射、辐射特性，建立了一定规模的特征库，并通过特征库数据，研究了地物微波特征、介电特性。在不同应用领域建立了分析和理论模型。开展了不同领域的应用研究，如海洋、大气、地质、农林等方面。特别是这几年，在利用微波遥感进行对突发性灾害的实时监测方面取得了较明显的成果，获得了很大的社会经济效益。

　　航天微波遥感技术在我国目前仍处在发展阶段。我国还没有发射载有微波遥感器的卫星，只在一些方向利用国外卫星资料进行应用研究。自 20 世纪 90 年代初，我国加强了星载微波遥感器的研制工作，除 921 工程和气象卫星微波遥感器研制外，还开展了 863 项目航天领域立项微波遥感器前沿技术的研究工作。今后我国的微波遥感将着重进行以下研究。

　　(1)发展星载微波遥感器，包括星载合成孔径雷达、星载多模态微波遥感器和星载多波段微波辐射计；发展新型微波遥感器，包括扫描式微波高度计(即成像雷达高度计)、小型微波遥感器、空间分辨率微波辐射计、模块化先进微波遥感器；发展全电磁波综合探测器。

　　(2)微波遥感理论研究，包括建立海洋应用模式及反演，大气应用模式及反演，地面异常信息反演等；电磁波和目标相互作用研究，包括介电特性研究，测量并建立吸收、散射、消光特性模型，面散射、体散射及去极化，毫米波(特别是大气窗口研究)信息提取及算法研究，多参量(多频率、多入射角、多极化)研究，多种数据(包括非遥感数据复合分析)。

　　(3)微波遥感定量化研究，包括建立内外参考标准、建立经验模式、实地数据测量、地物散射波分析等。建立功能较强的微波遥感信息库及空间数据信息系统。

1.2.2　贵州烟草微波遥感应用的发展及研究内容

　　遥感作为现代信息技术的重要手段之一，能够快速地收集农业资源和生产的信息，结合地理信息系统和全球定位系统等其他现代信息技术，能实现信息收集和定量分析。光学遥感广泛应用于作物理化参数反演中，但贵州省位于多云多雨的喀斯特山地，获取光学遥感数据成为对地观测的瓶颈。科学地监测作物长势，准确地预报其产量，有利于提前决策及采取宏观调控措施。提供及时、准确的数字化、图像化的农情，为政府进行农业决策提供及时、准确、直观的信息平台具有重大的意义。贵州山区耕地破碎程度高、种植结构复杂，实际烟草种植面积统计困难等问题，迫切需要寻找一种新的技术方法来实现对烟草种植面积的监测。合成孔径雷达全天时、全天候的成像能力使其成为贵州地区获取高分辨率地表信息的重要来源和发展趋势。

　　本书选取贵州清镇流长国家现代烟草农业基地单元为研究区。该基地单元总面积 48900hm^2，选取其中烟草种植面积连片集中的烟田作为核心研究区域。利用项目基地单元内核心研究区作为试点具有带动性和示范性，这样由中心带动周边，将快速实现贵州山区烟草种植遥感定量监测的应用和发展，从而实现烟叶生产的"规模化种植、信息化管理"，保持烟叶生产可持续发展，体现现代烟草农业生产的思路及内涵。为不断验证本研究技术路线的可行性和监测精度情况，在研究工作中不断扩大核心区域的面积：2011

年核心研究区面积为 132hm²，2012 年扩大为 1066hm²，2013 年扩大为 2080hm²。形成了一套高原山区基于雷达遥感典型地物快速识别及面积提取的技术路线与研究方法，能够满足贵州高原山区典型地物监测业务化运行系统、典型地物面积快速识别的需求；建立了喀斯特山区烟草产量的估产模型，满足喀斯特山区大面积快速估产需要，为喀斯特山区烟草估产提供技术支撑；完成了研究区内精度为 1∶10000 比例尺的监测样区的空间数据库，方便信息的调用和查询(图 1-1)。

图 1-1　贵州清镇流长国家现代烟草农业基地单元

贵州喀斯特高原山区地处亚热带季风气候区，常年多云、多雨，光学遥感数据获取难度较大，作为周期性监测数据不理想。另外，贵州山区喀斯特地貌大面积出露地表，地势崎岖、地块破碎，烟田分布不集中，烟田地形复杂多样，烟草农业生产难以集约化，在烟草种植监测和烟叶估产方面也显示出极大的困难。合成孔径雷达遥感数据采用主动遥感方式，利用微波成像不受云雨限制，对喀斯特山区的合成孔径雷达遥感影像进行多极化、多波段、多时相的分析研究，更适合多云雨山区的应用。把可穿透云层的高分辨率雷达数据应用于贵州高原山区现代烟草农业生产调查中，实现现代烟草农业生产监测、烟草面积精准提取和烟叶估产模型的建立，并对其关键技术进行研究及示范。为贵州山区地区建立具有时效性、前瞻性、互动性、规范性的现代烟草农业生产监测系统及估产系统打下可靠坚实的基础，以信息化支撑现代化，促进现代烟草农业的规模化、集约化，为推进贵州山区现代烟草农业发展提供有力的信息化管理支撑，主要完成的研究内容如下。

1. 贵州山区烟草种植遥感定量监测

烟草种植遥感定量监测主要是运用雷达影像数据对烟草关键生长期进行实时监测，同时选择大面积连片种植区建立样方。将雷达遥感监测与样方监测相结合从而实现对烟草整个种植过程的全程监测。在进行野外考察的同时，建立样方并详细记录烟草叶片生长信息，考察时间尽可能与遥感影像拍摄的时间保持一致，以达到最佳监测效果。通过比较平滑滤波处理的各种算法，选取 7×7 窗口 Frost 最佳滤波方法对原始影像进行滤波处理，并得到研究区滤波后的烟草不同种植时期的 SAR 影像。通过处理计算之后得到研究区建立的样方内烟草团棵期、旺长期、成熟期获取的卫星雷达影像处理而得到 SAR 亮度值。将各种植生长期内样方实地监测的烟草叶长、叶宽数据去掉最大值和最小值，并与 SAR 亮度值建立线性回归的耦合关系，通过运算得到烟草不同生长期雷达遥感监测模型，实现通过遥感技术对烟草叶片生长参数的定量监测。

2. 贵州山区烟草种植面积精准提取

雷达传感器成像机理独特，不同于可见光和红外图像。由于它是主动遥感，以斜距成像，有多种极化方式，它的色调与我们所观察到的自然界色彩有较大的差异，甚至完全相反，故其解译过程有许多与其他图像不同的地方，因此对雷达图像进行目标解译也显得与众不同。综合考虑合成孔径雷达图像的解译标志、地物纹理特征和后向散射特征，使用 ENVI4.8 遥感影像处理软件，对 SAR 雷达图像进行解译分析，之后进行野外验证。野外验证是对室内微波遥感影像目视解译工作的必要补充，对提高分类精度及监测准确性具有重要意义。通过 SAR 影像分类识别及野外验证，实现了对研究区内烟草种植面积的有效监测。

经过统计研究区内贵州省清镇流长烟叶站与烟农签订的烟草种植合同可知，2011 年研究区面积为 132hm²，烟草实际种植面积为 622 亩，约为 41.47hm²，通过 SAR 烟草定量监测的误差平均绝对值为 3.9%；2012 年将核心研究区扩展至 1066hm²，SAR 遥感提取的面积误差平均绝对值为 8.5%；2013 年进一步将核心研究区放大，面积达到了 2080hm²，随研究区的扩大，遥感监测的不定因素增多，给监测增加了困难，平均误差绝对值也随之扩大，平均精度达到 85%，但仍在可接受的范围内。

3. 建立贵州山区烟叶估产模型

烟草遥感估产综合模型，烟草的单产与植株的叶面积指数、生物量、干叶重、鲜叶重间存在着相关关系，而卫星遥感数据具有更高度的概括性。因此，应用从卫星遥感数据获取植被长势信息为农作物的估产量提供了参考依据。在分析遥感监测、烟草长势监测和模拟估产方法的基础上，提出了利用遥感与农业气象数值模拟、土壤肥力数值模拟技术相结合的办法来进行作物估产研究的新思路，但是遥感技术必须辅之以其他的数据如农业气象数值评价模型，以及土壤肥力评价模型才能更好地提高遥感估产精度。测定 *LAI*，建立了烟田烟草的叶片生长状况的遥感技术反演模型，将该指数与 GPS 定位观测资料及 GIS 数据进行监督分类，对烟草长势进行实时监测。在此基础上提出烟草遥感估产经验模型和回归模型，以此估测研究区的烟草总产，达到了较高的精度。同时结合线性回归方法、层次分析法与模糊数学法来确定影响烟草生长因子的权重的新方法，估产结果精度会更加提高。建立的模型在示范区通过示范后计算得出精度达到了 92%。

遥感经验模型作为遥感估产的主要常规方法，得到较为广泛的应用。当前该模型大多应用于大范围的估产，在野外样方选取与调查的基础上，将 SAR 技术融入估产过程当中。将野外实地考察和雷达遥感结合起来，选用烟草不同生育期的雷达遥感影像，通过雷达遥感影像的处理和计算得出烟草不同时期 SAR 亮度值。利用野外实地考察烟草数据，将烟草种植各个时期的 SAR 亮度值与对应时期烟草鲜重产量建立线性回归耦合关系的估产模型。通过所建立的估产模型计算出烟草预估算产量，与实际产量对比验证精度。雷达遥感对烟草叶片鲜重估测的研究通过利用遥感数据与烟田内烟草叶片鲜重产量进行相关性分析建立模型。

　　传统的农作物估产采用人工区域调查方法，速度慢、工作量大、成本高。目前，获取农作物产量数据的渠道可概括为：各级统计部门根据农作物产量抽样调查推算的数据和面上调查汇总的数据、农业部门面上调查汇总的数据、气象部门根据前期气象条件和预报模式计算的产量数据。应用遥感技术进行农作物估产可起到费省效宏的作用。立足于基础性、前沿性、公益性的农业基础研究，针对贵州地区由于多云多雨导致多光谱遥感数据难以获取的现状，利用能够穿透云雨的雷达微波遥感技术，结合采集的地物光谱分析，选取贵州省烟草种植为研究对象，监测其种植过程，分析其长势并建立估产模型，探索适用于贵州高原山区的烟草种植雷达遥感技术路线，实现烟草生产的精准调控。遥感技术具有多极化、多时相和宏观特性的特点，有宏观、快速、准确、动态的优点。

1.3　雷达遥感农业应用的发展趋势

　　近几十年来，遥感科学家们发展了许多地物微波后向散射模型，以研究电磁波与植被的相互作用机制和过程，这些模型的研究大大提高了人们对于散射机制物理含义的理解，对遥感在植被资源的监测、合理利用和保护方面的作用有了更深刻的认识。目标物的微波散射特性取决于它的介电特性和空间几何特征(刘婷等，2001；张云柏，2004；谭炳香等，2006)。散射模型的研究旨在用数理方法精细刻画目标物的介电特性和空间几何特征与雷达后向散射系数之间的相互作用关系。Hoekman 等(1985)发展了多层植被冠层后向散射模型；Ulaby 等(1986)详细研究了植被的介电特性、衰减特性及极化对植被的后向散射特性的影响；Karam 等(1988)研究了部分植被样本的电磁波散射特征。Chanhan 等(1994)将离散散射模型用于玉米的散射特性研究；Saatchi 等(1995)提出了草冠层的微波后向散射模型，将草的后向散射分解为三层，并将中间的茅草层视作圆盘状水滴的集合。

　　此外，已有一些研究表明雷达系统在农田识别及农作物分类方面是十分有效的，雷达后向散射系数对农作物和森林生物量也非常的敏感。当具备多时相雷达数据时，这种分类的能力还会得到提高。而农作物的后向散射特性随极化方式和频率的不同会有很大变化，对农作物的极化特征进行详细研究，进而提出农作物的全极化散射模型，对于农业雷达遥感应用具有极其重要的意义。Le Toan 等(1989)遥感科学家报道了欧洲共同体联合实验室组织的名为 AGRISAR 的机载雷达试验计划的研究结果，他们的研究表明农作物的垂直或水平结构特性对于其极化响应特征具有决定性影响。

　　农作物估产是空间遥感技术最重要的应用领域之一，而提高农作物类型识别是提高遥感农作物估产精度的关键。遥感图像的纹理是地物目标除灰度以外的另一重要特征，在目标识别方面的作用是显而易见的，而对于雷达图像来说，纹理分析显得尤为重要。近年来，关于纹理信息提取方法的研究、纹理信息在分类中的应用已取得显著成效。与此同时，一系列针对 SAR 图像成像特点和特征的新型分类算法，以及利用 SAR 发展而获取的新信息、新特征的新型分类器得到了极大的发展，这对于进一步提高农作物分类精度、估产精度具有重要的推动作用。

　　微波遥感在农业的主要应用领域见表 1-4。农业雷达遥感应用的发展首先体现在雷达传感器技术本身的发展上，只有作为应用基础的数据获取技术发展了，才可能更全面地推动其应用向前发展。目前，国际上 SAR 技术的发展趋势主要集中在以下几个方面：提高空间分辨率、多视角、多波段、多极化、多工作模式和干涉成像等。

表 1-4　雷达在农业遥感中的应用领域

农业应用	应用目的	雷达图像特征
农作物评价	农作物识别	不同的农作物具有其特有的几何结构、冠层表面粗糙度和含水量。雷达对这些产生后向散射差异的参数很敏感
	农作物损害评估	农作物的损害造成了个体植株的几何结构以及冠层表面粗糙度的改变。由于损害区与周围区域的几何结构和粗糙度的不同，造成了后向散射的不同
一致性监测	耕作评估	耕作活动与特定农作物的种植与否有关，不同的农作物具有其特征几何结构、冠层粗糙度和含水量。雷达对这些产生雷达后向散射的参数比较敏感
	土地利用评估	开展耕作活动的土地利用和某种农作物的种植与否有关，不同的农作物有各自的几何结构、冠层粗糙度和含水量。雷达对这些造成不同后向散射的参数非常敏感
土地利用监测	时相变化评估	农作物有各自的几何结构、冠层粗糙度和含水量，这些参数随季节而变化，在一个时间段内，雷达对于这些参数的差异是很敏感的，反映在后向散射的不同。对比成长期中不同时期的后向散射可以得到后向散射随时间的改变，这样可以评价农作物参数的时相变化
土壤状况监测	耕作活动确定	不同的耕作活动产生不同的土壤表面粗糙度。雷达对产生后向散射系数差异的土壤表面粗糙度比较敏感
	土壤湿度评估	由于土壤含水量的改变造成土壤介电特性的变化，雷达对此非常敏感，并反映在雷达的后向散射上

1. 提高空间分辨率

空间分辨率是成像雷达系统的一个重要参数。无论是在军事应用、民用方面、灾害监测、资料调查等领域中，高空间分辨率的 SAR 系统的需求一直是十分迫切的。与此同时，对于我国来说，由于自然条件的限制，许多地区的农作物耕种是小块不规则区域，在这些地区进行农作物的精确估产，更需要高分辨率的雷达图像。

2. 多视角

通过不同的视角对地面进行观测，获得地面目标的雷达反射系数随入射角的变化情况，不仅可以帮助数据使用者更容易区分目标的类型，还可以减小对同一地区的重复观测周期。

3. 多波段

采用不同微波波段的图像，可以对地面上的目标进行分类。例如，不同的农作物在不同波段上的变化规律不同，并且，在不同的种植阶段所表现出来的变化规律也不同。同样，不同区域土壤的湿度、表面粗糙度的不同在不同波段上也能体现出来。因此，采用不同波段的 SAR 图像进行综合分析，可以获取地面目标更详细的信息。

4. 多极化、全极化

单极化、单波段极化系统的应用受到两方面的限制：①很难解决哪怕是用最简单的散射模型表示的反演问题，因为数据所能提供的独立参数太少；②对极化散射机制正确理解有很大的困难，因为难以确定有效散射中心。为此，多参数极化 SAR 系统受到了人们的重视。已有研究证实，采用多波段系统，依靠波段间不同的穿透能力，可加强对散射机制的理解程度，有助于植被存在情况下 DEM 的正确提取。因为从全极化数据中可分解出不同散射机制的分量，而且这种技术系统目前已全具备实现的可能。不同极化方式对不同种类的地物及其构造有不同的反应，因此，多极化的 SAR 图像在对地面目标的分类上将提供一定的帮助。

由于极化雷达对植被散射体的形状和方向很敏感，因此，同时成像的多波段、多极化、全极化 SAR 系统，可以获取地物对不同波段雷达的回波响应及线极化状态下同极化与交叉极化信息，可更准确地探测目标特征。极化波雷达能测量每一像元的全散射矩阵，可合成地物包括线极化、圆极化及椭圆极化在内的全极化散射信息。但由于地面的坡度、粗糙度等几何特性的不均匀以及地表植被散射的影响，地物回波往往有复杂的散射过程。目标的信息分解就是将地物复杂的散射过程分解为几种单一的散射过程。从全极化散射信息中可分解出面散射、二次反射和体散射分量，这种数据的应用价值和潜力体现在可通过建立模型定量提取一些地面参数，是定量化雷达遥感的一个重要研究方向。

全极化雷达既具有极化雷达对地表植被的空间分布和高度很敏感的特性，同时又具有极化雷达对植被散射体的形状和方向很敏感的特性。因此，全极化雷达对有方向散射体的分布很敏感。全极化雷达相对于单独的极化雷达而言增强了植被垂直结构属性估计的能力和准确性。许多植被覆盖的陆地表面包含了一个充实的散射体体积，如森林的叶子、树枝和树干等。因此，森林由于树干（垂直的）和枝叶层（其他的方向）将产生一个优势方向。同样，农作物也具有显著的方向特性。在这种情况下用全极化雷达通过测量植被的方向特征将能切实地提高植被的高度、植被层下地形的高程、植被的平均消光系数等参数反演估计的准确性。因此，全极化是目前雷达遥感获取信息量最丰富的数据，它将明显提高雷达遥感应用的能力。SIR-C/X-SAR 系统可实现这种数据的获取。ENVISAT 和 RADARSAT-2 也能获取多极化数据。探索相干后向散射模型和散射特征分解模型，以及最佳相干性极化合成方法和从全极化数据反演地面参数的方法，将成为这类研究的先导。

5. 多工作模式

多工作模式是为了满足不同用户的需求。这主要是因为系统数据量的限制，不可能既有高的分辨率、又有宽的测绘带。因此，常采用降低地面分辨率来增加测绘带宽度的做法。

国外有代表性的是加拿大的 RADARSAT-1 星载系统，它共有 7 种工作模式：标准波束、宽测绘带波束、高分辨率波束、窄带扫描 SAR、宽带扫描 SAR、大入射角波束和小入射角波束。

6. 干涉雷达(InSAR)

InSAR 技术是目前空间遥感获取三维信息的最佳技术，可用于获取地形信息、测量地壳形变及作物的生长变化。InSAR 数据的获取方式有两种：①使用双天线的合成孔径雷达，相隔一定距离的两个天线同时接收同一地区反射回来的后向散射回波，两者所接收的回波信号相位不同，因而可以通过干涉获得干涉相位，并从干涉相位中提取地面的高程信息；②多次对同一地区进行 SAR 成像，一般称为重复轨道干涉测量。

雷达干涉测量是雷达遥感的一个热点研究领域，数据处理的算法已发展得比较成熟，有待进一步研究完善的是相位解缠技术，以达到工程化应用的要求。干涉测量获得的相干系数图可作为独立的参量用于地物分类。除了两次数据获取间的时相变化，相干图提供了基于地表特性和后向散射系数的信息。干涉测量相干性和后向散射是相对独立的量，包含有互补的专题信息。因此，SAR 干涉被认为是地表地物分类的一种很有前景的手段，对于农业遥感应用具有重要的意义。

7. 多源遥感数据融合，提高土地利用和土地覆盖分类精度

多种不同的遥感器获取可见光、红外、微波及其他电磁波的影像数据与日俱增。这些数据在空间、时间、光谱、方向和极化等方面对于同一区域构成多源数据，单一传感器影像数据通常不能提取足够的信息完成某些应用。多传感器系统的数据通过融合可以得到更多的信息，减少理解的模糊性，提高遥感数据的利用率。在土地利用和土地覆盖遥感应用中，光学遥感数据由于其数据种类多和对大多数地物的良好空间和光谱分辨率而得到广泛应用。合成孔径雷达(SAR)的出现，使人们能全天候对地表进行观测，而微波和地物独特的作用机理也使 SAR 图像在土地利用和土地覆盖中有其独特的优越性。在土地利用和土地覆盖监测中融合使用光学和 SAR 数据可以产生互补效应，提高分类精度。随着微波和地物的作用机理研究和数据融合算法研究的深入，通过光学和微波遥感相结合的手段进行土地利用的研究必然会取得进一步发展。

8. 微波遥感数据和农作物生长模拟模型同化用于农作物估产

随着对农作物种植生长过程不断深入的认识和理解，以及计算机技术的迅猛发展，一些农作物生长模拟模型在国内外已经被广泛用来预测农作物的生长状态和估算农作物的产量。这些农作物模型包括 SUCROS(simplified and universal crop growth simulator)、CERES(crop environment resource synthesis)和 WOFOST(world food studies)等。这些模型被用来模拟欧美地区小麦、大豆、高粱和玉米等农作物的生长、发育和生物量形成过程。我国在引进学习国外模型的基础上根据不同的作物区域特点也开发出 RCSODS、WHEATSM 和 RICAM 等模型用于我国水稻、小麦和玉米等农作物的生长过程模拟和种植监测。这些模型都需要大量的输入参数，包括农作物品种的特性、农田土壤的性质和成分、气象数据、农作物种植模式和供水施肥等信息。这些模型通过分析农作物生长和太阳的辐射、温度、水和营养供给等环境因子的关系，计算农作物的生长和发育的速度，模拟农作物从播种到成熟中的光合、呼吸、蒸腾、营养等一系列生理生化过程和生物量的累计，从而估算农作物的生物物理参数如 LAI 和预测产量。但是，随着农作物种植面

积的扩大这些模型所需要的参数变化也很大。有些参数随着农作物的生长获取的困难也加大。尤其是在非理想种植条件下，例如一些突发性的自然灾害和环境因素的突变，都限制了这些模型的使用和应用的精度。

卫星遥感能够客观、准确和及时地提供大范围内的农作物空间和时间种植分布信息以及农作物模型的状态参量，如生物量和 LAI 等，在大范围作物长势监测和产量预测方面具有得天独厚的优势。近 30 多年来，农作物遥感监测一直是遥感应用的一个重要领域。但是，遥感提供的农情信息是基于农田和农作物表层的生物物理特性，很难反映出农作物种植生长过程的内在机理和农作物与环境的相互作用机制。遥感估产模型往往是统计模型和经验模型，普适性比较弱。因此，将遥感信息和能反映农作物生长机理和种植阶段的农业模型结合，把遥感提供的农作物实时生长状况信息和农作物的种植生长阶段模拟集成应用，将提高农作物遥感估产精度。

第 2 章　微波遥感基本原理

遥感是在 20 世纪 60 年代提出来的，它是一种先进、实用的探测技术，是一种远距离、非接触的收集、分配、处理和分析电磁波与目标之间的辐射、反射、吸收、透射信息的技术，是在现代物理学(包括光学技术、微波技术、雷达技术、激光技术和全息技术等)、空间科学、电子计算机技术、数学方法和地球科学理论的基础上组建并发展起来的一门新兴的、综合性强的边缘学科。

在众多复杂多变的环境信息中，通过多种有效的手段来收集、处理、分析和提取所需要的特征，达到认识研究对象的存在、状况和动态的目的，从而实现对目标进行定位、定性或定量的描述。迄今为止，遥感已在资源勘探、环境监测和军事侦察方面获得了广泛的应用。按照应用领域，遥感可分为地质遥感、农业遥感、林业遥感、水文遥感、测绘遥感、环境遥感、灾害遥感、城市遥感、土地利用遥感、海洋遥感、大气遥感和军事遥感等。

目前，成像雷达数据得到极为广泛的应用。雷达的成像原理、成像几何及特点、雷达图像的处理与解译是雷达遥感应用工作者必须了解的问题。只有了解了雷达遥感的基本原理，才能更好地对雷达数据进行解译和分析，确保工作的正确性。

2.1　电磁波理论与微波遥感

电磁波是在同相振荡且互相垂直的电场与磁场中形成的，并在空间中以波的形式移动，其传播方向垂直于电场与磁场构成的平面，能有效地传递能量和动量(陈劲松等，2010)。电磁辐射可以按照频率分类，从低频率到高频率，包括有无线电波、微波、红外线、可见光、紫外线、X 射线和 γ 射线等。人眼可接收到的电磁辐射，波长为 380～760nm，称为可见光。下面主要结合微波来了解电磁波的基本性质。

2.1.1　电磁波的基本性质

1. 电磁波谱

电磁波谱是为了便于对各种电磁波的特性进行研究，人为按照电磁波中的无线电波、微波、红外线、可见光、紫外线、X 射线及 γ 射线等按频率(波长)大小顺序排列起来的，如图 2-1 所示。

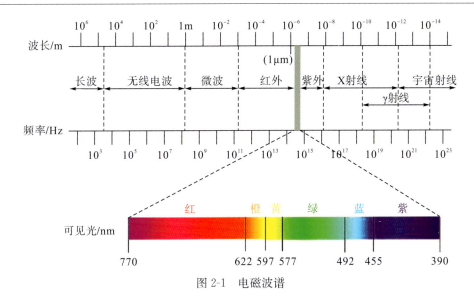

图 2-1　电磁波谱

2. 叠加原理

当两个或两个以上的波源所产生的波在空间中移动时，每个波并不由于相互干扰而改变其传播规律，仍保持原有的频率（或波长）和振动方向，继续前进，但每个波相遇点的振动的物理量则等于各个独立波在该点激起的振动的物理量之和，这就是波的叠加原理。叠加原理适用于遥感中所用的各种电磁波。

3. 相干性和非相干性

由两个（或两个以上）频率、振动方向及相位相同或相位差恒定的电磁波在空间中叠加时，合成波振幅为各个波的振幅的矢量和。所以，会出现叠加区有的地方振动加强，而有的地方振动减弱或者完全抵消的现象，这种现象称为干涉。产生干涉现象的电磁波称为相干波。

若两个波是非相干的，则叠加后的合成波振幅是各个波振幅的代数和，叠加区不会出现振动强弱交替的现象。

一般来说，单色波都是相干的。

4. 衍射

如果电磁波投射在一个它不能透过的有限大小的障碍物上，将会有一部分波从障碍物的边界外通过。这部分波在超越障碍物时，会变向绕过其边缘到达障碍物后面，这种使一些辐射量发生方向改变的现象称为电磁波的衍射。在适当情况下，任何波都具有衍射的固有性质。然而，不同情况中波发生衍射的程度有所不同。如果障碍物具有多个密集分布的孔隙，就会造成较为复杂的衍射强度分布图样。这是因为波的不同部分以不同的路径传播到观察者的位置，发生波叠加而形成的现象。

5. 极化

极化是电磁波的电磁振动方向的变化趋势。如果电场矢量端点随时间变化的轨迹是一直线，这种波称作线极化波。线极化波存在水平极化和垂直极化两种极化方式，电波的电场垂直于地面的是垂直极化波，平行于地面的是水平极化波(郭华东等，2000)。

2.1.2　电磁辐射

电磁辐射是能量以电磁波的形式通过空间传播的现象，是能量释放的一种形式。电磁辐射是以一种看不见、摸不着的特殊形态存在的物质。人类生存的地球本身就是一个大磁场，它表面的热辐射和雷电都可产生电磁辐射。按电磁辐射对生物学作用的不同，可分为电离辐射和非电离辐射。电离辐射的量子能量水平较高，可通过电离作用使机体受到严重的伤害；非电离辐射的量子能量水平较低，不会导致机体组织的电离，其主要的生物学作用是引起组织分子的颤动和旋转，常以荧光和热的形式消耗其能量，对人体也会造成某些生理障碍。

在电磁波谱中，比紫外线波长更短的 X 射线、γ 射线等宇宙射线是电离辐射波；紫外线以及波长更长的电磁波，包括可见光波、红外线、雷达波、无线电波及交流电波等是非电离辐射波。

非电离辐射根据其辐射频率又可分为微波辐射(300～300000MHz)、射频辐射(0.1～300MHz)和工频辐射(50Hz 或 60Hz)3 类。而我们常见的各种家用电器、电子设备等装置产生的都是非电离辐射。只要它们处于通电操作使用状态，其周围就会存在电磁辐射。电磁辐射会对人类的健康构成威胁，同时也会干扰电子设备等的正常运行。

我们通常所说的电磁辐射，一般都是指的非电离辐射。

2.1.3　微波遥感及其特点

微波遥感是指卫星传感器的工作波长在微波波谱区的遥感技术，是利用某种传感器接受地理各种地物发射或者反射的微波信号，以识别、分析地物，提取所需的信息。表2-1 是微波波段的划分。微波是电磁波的一种形式，因此，了解电磁波的一些基本特征即对微波基本特征的了解。

表 2-1　微波波段的划分

波段	波长 λ/cm	频率 f/GHz	能量/(10^{-4}eV)	常用波长
K	1.13～1.67	26.50～18.00	1.1～0.74	高度计：λ=2.2cm，f=13.5GHz
Ku	1.67～2.42	18.00～12.40	0.74～0.51	λ=2.15cm，f=13.9GHz
X	2.42～3.66	12.40～8.20	0.51～0.34	散射计：λ=2.05cm，f=14.6GHz
G	3.66～5.13	8.20～5.85	0.34～0.24	SAR：λ=3cm，f=10GHz
C	5.13～7.39	5.85～3.95	0.24～0.168	λ=3.3cm，f=9.1GHz
S	7.39～11.52	3.95～2.60	0.168～0.108	λ=6.7cm，f=4.5GHz
Ls	11.52～17.63	2.60～1.70	0.108～0.071	λ=10cm，f=3GHz
L	17.63～26.76	1.70～1.12	0.071～0.046	λ=23.5cm，f=1.275GHz

微波是一种相干波，它的波长比常用的可见光、近红外、热红外的波长都大得多，因此，微波的性质与可见光、近红外、热红外有很大不同。

1. 微波遥感的特点

(1)全天时工作，不受时间限制，即使夜间也能工作。这是由于微波遥感器利用大地辐射中的微波成分或雷达发射的微波来进行遥感，与阳光无关。微波遥感可分为主动和被动两种方式。其中，主动微波遥感由传感器发射微波波束，再接收地物反射回来的信号，因而它不依赖于太阳辐射，不论白天黑夜都可以工作，故称全天时。

(2)全天候工作，不受云、雾和小雨的影响。这是由于微波能穿透云、雾和小雨。图 2-2 说明微波的云层透射率随波长而变化的情况，冰云对任何波长的微波都几乎没有影响，这对于经常有 40%～60% 的地球表面被云层覆盖情况来说无疑具有重要的意义，因为可见光和红外传感器对于云层覆盖是没有影响的。

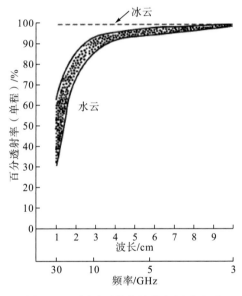 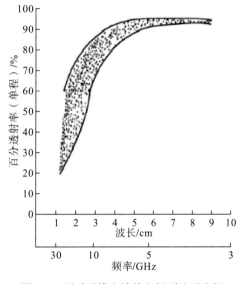

图 2-2　云层对无线电波从空间到地面
之间传输的影响(Ulaby et al.，1982)

图 2-3　雨对无线电波从空间到地面之间
传输的影响(Ulaby et al.，1982)

图 2-3 是雨对微波影响的情况，当波长为 3cm 时，倾盆大雨地区对雷达的影响很小，也就是说，任何恶劣的天气条件都无碍于微波。

(3)微波对地面有一定的穿透能力，可在一定程度上获取隐伏的信息。一般来说，微波对各种地物的穿透深度因波长和物质不同有很大差异，波长越长，穿透能力越强。图 2-4 表示了不同波长的微波对不同土壤的穿透能力，由该图可见，同一种土壤湿度越小，穿透越深。微波对干沙可穿透几十米，对冰层能穿透 100m 左右，但对潮湿的土壤只能穿透几厘米到几米。

波长较短的微波虽然穿透能力差一些，也能提供可见光或红外不能观测到的信息。而目前航天微波遥感所用微波波段一般是 C 波段(3.8～7.5cm)和 L 波段(15～30cm)，都具有一定穿透能力，故适用于地质勘探和军事目标探测。

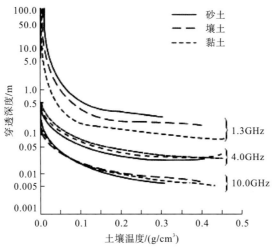

图 2-4　穿透深度与土壤深度、频率、土壤类型的关系(Ulaby et al., 1982)

（4）微波遥感器的天线方向可调整，这样可增加所获地表特性的信息。例如，适当调节天线的方向，可在图像上产生适量的阴影，以突出地貌的形态特征和敏感地形的细节（郭华东，1991）。

（5）微波遥感器接收的微波信号与物质组成、结构有关，能反映出被探测物体在微波段表现的特征，这与在可见光、红外、紫外波段所表现的特征是完全不同的，即微波能提供不同于可见光和红外遥感所能提供的某些信息。

（6）微波遥感器可采用多种频率、多种极化方式、多个视角进行工作，来获取目标的空间关系、形状尺寸、表面粗糙度、对称性和复介电特性等方面的信息。

（7）微波雷达发射的电磁波是一种相干波。由于相干性的存在，微波雷达图像的相片上才会出现颗粒状或斑点状的特征，而这是一般非相干的可见光相片所没有的，这样的效果对解译地物有很重要的意义。

（8）微波遥感也有其不足之处，如设备较复杂、图像有特有的畸变。除合成孔径雷达影像外，一般来说，微波传感器所获图像的空间分辨率比可见光和红外传感器低；其特殊的成像方式使得数据处理和解译相对困难些；与可见光和红外传感器数据不能在空间上一致，不像红外与可见光传感器可以做到同步获取同一地物的信息，两类影像中的相应像元在空间位置上可以做到一致等。但这些不足比起上述长处来讲，常常是可以忽略不计的。

2. 微波遥感的分类

根据微波遥感系统的不同可分为主动式雷达遥感和被动式雷达遥感(图 2-5)。

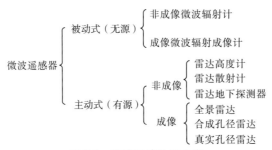

图 2-5　微波遥感器的分类

无源微波遥感本身不发射电磁波，只靠接收被测目标和背景发射的微波能量来探测目标特性。它所收到的电磁波信号强度与目标的发射率有关，也与目标、背景的温度、性质，特别是目标物的表面温度密切相关(李琦，2011)。

有源微波遥感能发射出微波探测信号去照射目标，与目标相互作用，发生反射、散射或穿透一定深度，然后接收目标反射或散射回来的微波信号，通过检测、分析回来的信号，确定目标的各种特性及目标对遥感器的距离和方位。

主动微波遥感影像常称为雷达影像，因为成像微波遥感常采用真实孔径雷达(RAR)和合成孔径雷达(SAR)，两者都是由雷达发展而来。

2.2　合成孔径雷达及其应用

雷达(Radar)即无线电探测与测距(radio detection and ranging)。雷达系统最早由军方研制使用，用来探测硬目标(一般为金属点目标)及测距，这些雷达系统并不产生图像，而后期发展的雷达遥感技术则是把地形地貌作为主要探测目标(郭华东，1991)。按照采用的技术和信号处理的方式分类，雷达可分为相参积累和军用雷达非相参积累、动目标显示、动目标检测、脉冲多普勒雷达、合成孔径雷达、边扫描边跟踪雷达。下面对合成孔径雷达进行简要介绍。

2.2.1　合成孔径雷达

合成孔径雷达(SAR)是采用合成孔径技术以提高方位向分辨率的雷达。SAR 是相干成像，所以在其影像上存在一种斑点噪声，即影像亮度的随机起伏。这种随机起伏影响了雷达影像信息的提取，但目前尚未发现能够彻底消除斑点噪声的有效方法。

合成孔径雷达工作时按一定的重复频率发、收脉冲，真实天线依次占一虚构线阵天线单元位置。把这些单元天线接收信号的振幅与相对发射信号的相位叠加起来，便合成一个等效合成孔径天线的接收信号。若直接把各单元信号矢量相加，则得到非聚焦合成孔径天线信号。在信号相加之前进行相位校正，使各单元信号同相相加，得到聚焦合成孔径天线信号。

地物的反射波由合成线阵天线接收，与发射载波作相干解调，并按不同距离单元记录在照片上，然后用相干光照射照片便聚焦成像。这一过程与全息照相相似，差别只是合成线阵天线是一维的，合成孔径雷达只在方位上与全息照相相似，故合成孔径雷达又可称为准微波全息设备(尤素萍等，2010)。

发射电磁波、接收电磁波和地物目标对电磁波的散射之间存在定量关系，通常我们用雷达方程来表示这种定量关系。

$$P_r = \frac{p_t G^2 \lambda^2}{(4\pi)^3 R^4} \sigma \tag{2-1}$$

式中，p_t 为发射机功率；λ 为回波波长；G 为增益；R 为斜距；σ 为散射截面(散射截面是雷达系统的极化、侧视角、目标表面粗糙度以及目标的介电常数的函数)。

G、R、σ 这 3 个自变量是随图像各点位而变化的。在实际应用中，一般只需获取地物的散射特性，这就需要通过辐射校正来消除增益和斜距的影响。

2.2.2 合成孔径雷达图像的几何特点

1. 侧视雷达图像的投影方式

侧视雷达构像的几何形态是按地面点到天线中心的斜距进行投影的。如图 2-6 所示，地面上三目标 A、B、C 的长度相等，$A=B=C$；在地距图像上有 $A_2=B_2=C_2$；但在侧视雷达斜距图像上 $A_1<B_1<C_1$。

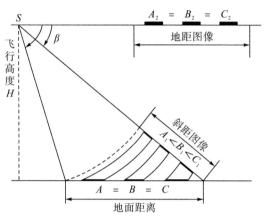

图 2-6 侧视雷达的斜距投影

为了得到在距离向无几何失真的图像，就要采取地距显示的形式，通常在雷达显示器的扫描电路中，加延时电路补偿或在光学处理器中加几何校正，以得到地距显示的图像，图 2-6 表明地距显示图像在距离向没有形变，不过这只是对平时图像的处理可以做到距离无失真现象，如果遇到山地，即便地距显示也不能保证图像无几何形变，所以，这给山区应用侧视雷达带来了挑战。

2. 雷达图像的比例尺特性

侧视雷达图像是按天线接收地面目标回波的时间顺序记录的。假如在横向上光点对荧屏或胶片作从左向右的扫描，那么，距空中雷达较近（即斜距较小）的地面目标所对应的亮点将出现在图像中较左的位置，而距雷达较远（即斜距较大）的地面目标的亮点则出现在图像上的较右部位，图像上最右边出现的亮点表示在雷达波束范围内距雷达最远（斜距最大）的地面目标，这种图像显示方式叫作斜距显示方式。而航空摄影相片上，若地面为水平面，则每个像点与中心点的距离代表相应的地面目标点与像主点对应的地面点之间的距离，这两个距离成正比，它们的比值就是航空相片的比例尺，而且在相片上所有部位的比例尺都是相同的。但侧视雷达由斜距显示的图像在几何特性上与航空摄影相片有相当大的不同。

斜距显示的雷达图像，横向比例尺随侧视角（斜距与铅垂线的夹角）θ 的变化而变化。小侧视角（近距离）处比例尺小，大侧视角（远距离）处比例尺大。这样，当侧视角变化较大时，接近天底点的地物变形明显，与舷向成一定角度的直线地物的影像变为曲线，方形田块变得有些像菱形。当侧视角变化不大时，影像变形不明显。在侧视角相当大（远离天底点）处，侧视角的变化对比例尺和影像的影响不明显。由上述可知，斜距显示的图像上，各处比例尺不相等，离天底点越近，侧视角越小，则比例尺也越小。

如果在雷达系统中采用延时补偿斜距传播的时差，则雷达图像按地面距离显示。在这种雷达图像中，若地面平坦而且水平，则横向上的比例尺处处相等，而且纵、横比例尺是相等的，因此，水平的地面按地面距离显示的雷达图像上的比例尺也是统一的。

3. 透视收缩与顶底位移

当雷达波束照射到位于雷达天线同一侧的斜面时，雷达波束到达斜面顶部的斜距 R_S 和到达底部的斜距 R_S' 之差 ΔR，要比斜面对应的地面距离 ΔX 小。所以在图像的斜面长度被缩短了，这种现象称为透视收缩。由图 2-7 可知

$$\psi = \theta - \alpha \tag{2-2}$$

$$\Delta R \approx \Delta X \sin\psi / \cos\alpha \tag{2-3}$$

则收缩比 l 为

$$l = \Delta R / \Delta X \approx \sin\psi / \cos\alpha \tag{2-4}$$

式中，θ 为侧视角；α 为斜面的坡度。由此可以看出，当侧视角 θ 大于地面坡度 α 时会出现透视收缩现象；而 $\theta = \alpha$ 时 l 达到极小值。

另外，当雷达波束到斜坡顶部的时间比雷达波束到斜坡底部的时间短的时候，顶部影像先被记录，底部影像后被记录，这种斜坡顶部影像和底部影像被颠倒显示的现象（与中心投影时的点位关系相比较而言）称为“顶底位移”，它是透视收缩的进一步发展，由式(2-2)～式(2-4)可以看出，当 $\theta < \alpha$ 时会发生顶底位移现象。

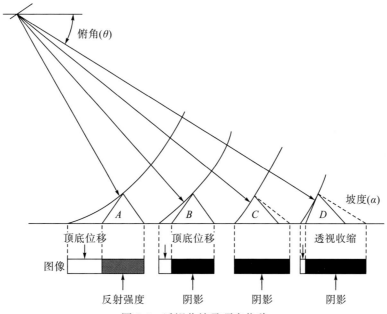

图 2-7　透视收缩及顶底位移

同样，对于背向天线的地面斜坡也存在透视收缩，只不过斜面长度看起来被拉长，如图 2-8 所示。当 $\theta + \alpha \leqslant 90°$ 时会出现背坡的透视收缩，此时有

$$\psi = \theta + \alpha \tag{2-5}$$

$$\Delta R \approx \Delta X \sin\psi / \cos\alpha \tag{2-6}$$

则收缩比 l 为

$$l = \Delta R / \Delta X \approx \sin\psi / \cos\alpha \qquad (2\text{-}7)$$

由此可以看出,当 $\theta + \alpha < 90°$ 时会出现背坡的透视收缩现象。

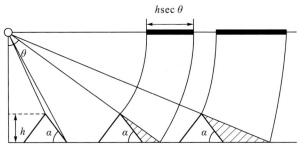

图 2-8　背坡的透视收缩

4. 雷达阴影

摄影相片上阴影的方向取决于太阳的方位,阴影总是出现在地面目标背着太阳的那一边;阴影的长度取决于地物自身的高度和太阳高度角。而侧视雷达相片上阴影的方向和长短与太阳方位和高度角无关。如图 2-9 所示,图中 β 为俯角,$\beta + \theta = 90°$。当 $\theta + \alpha > 90°$ 时,在斜坡的背后有一地段雷达波束不能到达(如图中晕线部分),形成雷达盲区,因此地面上该部分没有回波返回到雷达天线,从而在图像上形成阴影,阴影的影像呈黑色(刘景正,2007)。阴影的长度 L 与地面高度 h 和侧视角 θ 有如下关系。

$$L = h \sec\theta \qquad (2\text{-}8)$$

雷达阴影的方向与雷达波发射方向一致,目标越高,雷达阴影越长;侧视角越大,即目标距天底点越远,则雷达阴影也越长。为了有利于雷达图像判读,最好以大的侧视角取得平坦地区的侧视雷达图像,以小的侧视角取得山区的雷达图像。

总之,顶底位移、透视收缩及阴影都是由于地形起伏所致。图 2-9 表示了地形不同起伏状态与其影像之间的关系。A 处前坡出现顶底位移,而后坡拉长且能够成像;B 前坡出现顶底位移,而后坡为雷达盲区,雷达图像上对应位置出现阴影;C 处前坡完全重合于一点,而后坡被阴影遮盖;D 处前坡出现透视收缩,而后坡被阴影遮盖。

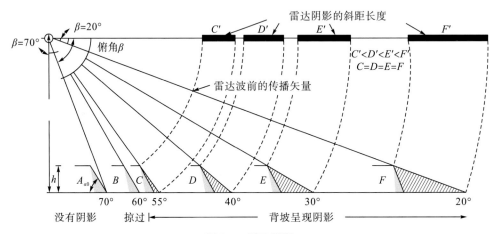

图 2-9　雷达阴影

2.2.3　雷达卫星 SAR 系统

1978 年，美国发射的 SEASAT 是第一颗合成孔径雷达卫星(L 波段，HH 极化)，虽然寿命很短，不足百日，但获取了大量高质量的数据，其数据至今仍为许多研究所用。1981 年，美国开始了航天飞机成像雷达计划的第一次试验 SIR-A(L 波段，HH 极化)，1984 年进行了 SIR-B(L 波段，HH 极化，可变视角)飞行，1994 年进行了两次 SIR-C/X-SAR(L 和 C 波段是四极化，X 波段 VV 极化，多视角)飞行，为多极化、多波段 SAR 的研究提供了宝贵的数据(刘景正，2007)。

目前，还在轨工作的雷达卫星，主要有欧洲空间局的 ERS-1/2 和加拿大的 RADARSAT-1 以及德国的 TerraSAR-X 等。表 2-2 介绍了部分航天雷达系统参数。

表 2-2　部分航天雷达系统参数

项目	ERS-1/2	RADARSAT-1	TerraSAR-X	SIR-A	SIR-B	SEASAT	JERS-1
国家/机构	欧洲空间局	加拿大	德国	美国	美国	美国	日本
波段与极化	C/VV	C/HH	X/HHVV	L/HH	L/HH	L/HH	L/HH
像幅宽度/km	100	50～500	20～500	50	30	100	75
空间分辨率/m	30	10～100	8～100	40	25	25	25

这里着重介绍 TerraSAR-X 的情况。新型星载 SAR 卫星发展迅速，它们都具有小型化、高分辨率、多种成像模式、多极化和提供高质量的干涉数据等特点，TerraSAR-X 便是其中之一。TerraSAR-X 是德国于 2007 年 6 月在拜科努尔发射场成功发射升空，采用太阳同步轨道，轨道高度约 524.8km，轨道倾角为 97.4°，重复观测周期为 11d，这样的轨道设计充分考虑了雷达性能、数据获取时间和重访时间三者之间的关系(梁军，2007)。具体参数如表 2-3 所示。

表 2-3　TerraSAR-X 轨道参数

项目	说明
卫星种类	高分辨率 X 波段商业 SAR 卫星
维护公司	德国，Infoterra GombH 公司(日本，PASCO 公司)
轨道类型	太阳同步轨道
轨道高度	524.8km
重访周期	11d
轨道周期	94.85min
侧视方向	左右侧视
特点	高分辨率(1m)；全天时，全天候；X 波段获取信息
成像模式	High-resolution Spotlight；Spotlight；StripMap；ScanSAR
分辨率	1m×1m；2m×2m；3m×3m；16m×16m
入射角范围	55°～20°；55°～20°；45°～20°；45°～20°
景幅大小(距离×方位)	10km×5km；10km×10km；30km×4200km；100km×4200km

1. TerraSAR-X 数据的成像模式及其特点

TerraSAR-X 有多种成像模式，其分辨率、极化方式、景幅大小各不相同，下面详细介绍 3 种成像模式。

1）高分辨聚束式和聚束式

高分辨率聚束式（high－resolution spotlight，HS）和聚束式（spotlight mode，SL）成像模式具有可变的距离向分辨率和景幅大小，聚束式模式和高分辨聚束式模式利用电磁波在方位向上的延迟提高成像时间。这两种成像模式的主要特点是：几何分辨率高、入射角可选、多种极化方式，能够适应市场需求，提供多种成像方式的雷达影像数据产品，其获取的数据产品加上精密轨道数据，可以用于重复轨道干涉测量，并获得观测目标区域的数字高程模型，这种模式可以通过控制扫描方向的摆动对特定区域进行长时间拍摄，并可得到相当于大口径雷达的拍摄效果。这也是 TerraSAR-X 的最高分辨率拍摄模式。

2）条带成像模式

条带成像模式（stripmap mode，SM）是 SAR 影像的基本拍摄模式。最高分辨率约为 3m，景幅宽约为 30km，长为 50km。以入射角固定的波束沿飞行方向推扫成像，主要特点是几何分辨率高、覆盖范围较大、入射角可选，能生成双极化和全极化数据，其获取的数据产品加上精密轨道数据，也可以用于重复轨道干涉测量，并获得观测目标区域的数字高程模型。

3）宽扫程序模式

宽扫程序模式（scanSAR mode，SC）天线在成像时沿距离向扫描，使观测范围加宽，同时也将降低方位向分辨率，可应用于大面积纹理分析。天线高度随着入射角的不同转换扫描宽度，设计的 scanSAR 成像模式扫描宽度为 100km，相当于 4 个连续的 Strip Map 扫描宽度，这种模式的主要特点是：中等几何分辨率、覆盖率高、能够平行获取多于 4 个扫描条带的影像，入射角可选，可获取单极化（HH 或 VV）。

2. TerraSAR-X 数据的产品类型

TerraSAR-X 的基本产品（level 1b product）种类有 4 种：单视斜距复影像（single－look slant－range complex，SSC），多视地距产品（multilook ground rang－detected，MGD），椭球改正后地理编码产品（geocoded ellipsoid corrected，GEC）和增强椭球改正产品（enhanced ellipsoid corrected，EEC）。这 4 种产品的格式不同，应用领域也不同。

1）单视斜距复影像

雷达信号聚焦形成的基本单视产品是最基本的影像，包含丰富的振幅和相位信息，保持原始数据的几何特性，不包含坐标信息。

2）多视地距产品

对单视斜距复影像数据进行多视处理，影像上的距离比率与实际地点间的距离比率一致，利用 WGS-84 模型和平均地形高程投影到地面。图像坐标沿飞行方向和距离方向定位。影像中没有地理坐标信息，没有插值和影像旋转校正，像素定位精度低于地理编码类产品，并且只有角点和中心点附带坐标说明，不能用于干涉计算，数据格式为 XML＋GeoTiff。

3)椭球改正后地理编码产品

采用多视处理，WGS-84 模型和平均高程重采样，没有地形改正。投影类型有 UTM 和 UPS。像素定位精度的变化取决于地形，陡峭的角度和地貌会引起明显的误差。可选择空间增强或辐射增强产品(SE 或 RE)。在山区地形容易产生变形，但适用于几何校正。数据格式为 XML+GeoTiff。

4)增强椭球改正产品

采用多视处理，对 GEC 数据进行高程纠正，有效地克服了透视缩进现象。像素定位准确。目前使用的 DEM 数据为 90m 网格的 SRTM 数据。投影类型有 WGS-84、UTM 和 UPS。该产品为基本产品中最高几何校正级别产品，能够快速解译并与其他信息融合。数据格式为 XML+GeoTiff。

2.2.4 合成孔径雷达的应用

合成孔径雷达应用范围十分广泛，可为地质工作者提供地形构造信息、为环境监测人员提供油气和水文信息、为导航人员提供海洋状况分布图、为军事作战提供侦察和目标探测信息等。此外，合成孔径雷达还可用于太空探测，如探测月球、金星等行星的地质结构。先进国家军队，特别是美军已将合成孔径雷达广泛装备在军用飞机上，如 U-2 和 SR-71 侦察机、F-15 战斗机、B-2 轰炸机等。我国的合成孔径雷达研制工作从 20 世纪 70 年代中期开始起步，目前已进入实际应用阶段，在国土测绘、资源普查、城市规划、重点工程选址、抢险救灾等领域发挥了重要作用。SAR 图像主要反映了目标物的两类特性：①目标物的几何结构特性，即目标的表面粗糙度、内部结构、分布方向和方位；②目标物的介电特性，与目标物的含水量有很大的相关性。目标表现在 SAR 图像上的特征不仅取决于目标物的几何结构特性和介电特性，还在很大程度上依赖于雷达系统参数，如波长、极化、入射角、照射方向、分辨率、雷达图像获取频率(侯瑞等，2009)。

由于 SAR 系统全天时、全天候的特点，并且能高分辨率地成像，因此它的应用领域十分的广泛。

1. 资源调查

微波有一定的穿透性，并且地面上下不同的物质在不同频率、不同极化、不同视角的条件下都会有所变化。利用这一特征，可以从 SAR 图像中解译出地面上资源的分布。对于我国这样一个幅员辽阔的国家，有些地区常年被云雾所覆盖，如我国的贵州地区，利用 SAR 系统可以对这些地区进行大面积快速成像。

2. 洪涝灾害监测和防汛决策

中国几乎每年都有洪涝灾害，而且常伴大雨，这就可以充分发挥 SAR 全天候的特点。在 SAR 的图像上，水陆边界十分明显，检测起来十分方便。

3. 植被、农作物调查

不同的植被和农作物以及它们的不同种植阶段，在多频段、多极化、多视角的图像上是可以区分的。加上高分辨率的成像能力，就可以进行高精度的全国植被分布图绘制和农作物估产。

4. 地形测绘

对于我国这样一个幅员辽阔的国家，要获得大范围的地面高程图，如果人工进行测量，将耗费大量的人力、物力和财力，再者有些地方是难以涉足的。采用干涉 SAR 系统，不但能获得较高的测量精度，而且一次飞行就可以大范围成像。

5. 与其他遥感器图像互相配合使用

将 SAR 图像与其他遥感图像互相配合使用，可以得到更多的信息量。为了达到这一目的，需要将 SAR 图像进行地面高度和倾斜的校正，集成在地理信息系统中。

6. 军事应用

机载 SAR 全天候、全天时的特点在军事上的应用价值是十分明显的。并且机载 SAR 工作在侧视状态，可以在较安全的区域对敌方阵地进行侦察。采用较长的波长（对地面有一定的穿透性，可达 3m 左右）可以对地下目标进行侦察。另一方面，地面高程图在军事上也有重要的应用价值。

综上所述，雷达遥感凭借其独特的功能优势已在农、林、地质、环境、水文、海洋、灾害等应用领域发挥了重要的作用，随着雷达技术的不断进步，其应用领域将更为广泛。

2.3　雷达图像处理与解译

成像雷达发射某一特定波长的微波波段的电磁波，接收来自地面的后向散射电磁波能量，两者相干而成像，形成了雷达图像固有的几何特征和不同于其他遥感图像的信息特点。主要表现在雷达图像斜距与地距显示的区别、透视收缩、叠掩及阴影。在对图像的解译中还要注意雷达系统参数（波长、极化、入射角）、地物目标参数（表面粗糙度、介电常数）和微波在地物中的衰减及穿透能力对影像特征的影响（卢小平，2012）。

目前，在雷达图像的分析、应用中主要采取目视解译方法。在利用雷达图像进行解译中必须熟悉其成像机制和图像信息特点。由于现在 SAR 图像多是数字图像，掌握雷达数字图像的计算机处理方法显得极其重要。在此基础上，充分了解雷达图像解译标志和各类地物的解译规律同样是十分必要的。

2.3.1　雷达图像处理和分析

雷达图像所特有的处理过程包括天线方向图校正、斑点噪声的滤除、依靠斑点去相关的变化检测等（刘云华等，2010）。雷达图像的几何粗、精校正也在概念和算法上与光学遥感图像的几何校正有较大的差别。雷达图像上提供了丰富的纹理信息，可以将灰度共现矩阵、分维、小波等许多数学工具用于雷达图像纹理信息的提取。由于斑点噪声的存在和图像特征的复杂，雷达图像的分类需采用神经网络、上下文分类等特殊的处理方法，才能得到高精度的分类结果。这些处理方法是针对常规雷达图像的，即单波段、单极化到多波段、多极化范围的雷达图像。新概念雷达（干涉雷达、极化雷达）数据的处理方法与常规雷达不同，有其特殊的算法和流程，在此不作介绍。针对常规雷达图像的斑点噪声压缩、纹理分析和图像分类等流程此处也不做赘述，在后面的章节中将会有具体的介绍。

雷达图像上斑点噪声的存在，使得目标在特征空间上对应复杂模式，在不对图像做预处理的情况下，使用传统方法(如最小距离、最大似然法)对雷达图像做分类效果很差。雷达图像在经过滤噪处理后，分类精度可以提高，但好的平滑效果毕竟是要以损失一定的边缘信息为代价的，因此雷达图像分类除了这种滤噪传统分类方法的解决方案外，还有以下两种解决方案。

1. 纹理信息提取——神经网络分类器

这里的神经网络一般选用多层感知器网络、函数链网络及径向基函数网络等，它们都属于有导师(外监督)神经网络，用反向传播学习算法来训练。理论上讲，这种网络只要有足够的隐层数(两层或一层)、足够的节点数则可以在模式空间形成任意复杂的分割，从而区分出特征复杂的类别。这种解决方案特别适用于单波段或只有多时相雷达数据的情况，可以充分利用细节信息。神经网络方法也适合于 SAR 数据与其他遥感数据复合使用进行分类的情况，而且这种方案用于雷达图像自动模式识别也是很有潜力的。

2. 空间与光谱信息分离——考虑邻域及模糊分类器

利用考虑邻域关系的分类器，如上下文分类器、马尔科夫随机分类器和模糊逻辑分类器来处理雷达数据，等于是利用了纹理信息，但在边缘处会产生大量的分类误差，所以有必要先将边缘信息提取出来。边缘提取可利用小波变换、滑窗输入的神经网络及各种图像分割方法，或依靠辅助地理信息，将图像分成各种各样的片(segment)，以此为框架再对图像进行分类。

2.3.2　雷达图像的解译标志

合成孔径雷达图像的解译标志包括色调、纹理、形状、尺寸、模式和阴影，但是这些标志所反映的地物目标特性与光学遥感图像是不一样的，必须特别注意。这些影像特征取决于两个方面的参数：①雷达系统的参数，包括波长、极化、入射角和照射方向；②目标物的参数，包括复介电常数、表面粗糙度、几何特性、面散射和体散射特性以及它的方向特性(刘云华等，2010)。

1. 色调

雷达图像上色调的变化，取决于目标物的后向散射截面。它与许多因素有关，如波长、入射角、极化方式、地物目标的方位、复介电常数、表面粗糙度、是否构成角反射器等。因此，在分析图像色调时，必须考虑这些因素。尽管坡度的变化、含水量(复介电常数)和表面粗糙度是影响雷达图像色调的 3 个主要因素，但是表面粗糙度在决定雷达图像的灰度(即回波强度)方面起着决定性的因素。准镜面反射被认为是近于垂直的强回波，由于面散射而形成的回波往往在垂直入射时比较强，随着入射角的增加回波强度减弱，但是这种减弱的趋势随着粗糙度的增加也趋于减缓。来自一个具有较小介电常数的不均匀区域的体散射回波一般来说会趋于均一，对不同的入射角来说它的变化不大。在实践中我们发现，交叉极化的回波强度比同极化的回波强度要弱，因此，为交叉极化回波所设计的接收带宽往往要高，以补偿被削弱的回波信号。所以，在比较一个同极化图像和一个交叉极化图像时，必须监测同一个目标物灰度之间的反差，而不是单纯地比较两个图像之间的绝对灰度值。

2. 纹理

纹理是色调变化的空间频率，在雷达图像上的纹理是其分辨率的函数（符勇等，2014a）。雷达图像的纹理可分成 3 种：细微、中等和宏观纹理。细微纹理是以分辨率单元为尺度表示的空间色调变化，它由雷达图像固有的光斑特性所决定，因此，它与分辨率单元的大小和分辨率单元内的独立样本数的多少有关。由于这是一种固有的纹理特征，因此一般不能根据它来识别面目标的类型。中等纹理实际上是细微纹理的包络，它是由同一种目标的若干分辨率单元空间排列的不均匀性和不同目标的细微纹理占有多个分辨率单元而形成的，即以多个分辨率单元为尺度来表示的空间色调变化。中等纹理是用来辨别面目标的重要信息之一。宏观纹理实际上就是地形结构特征，它是由于雷达回波随地形结构特征的变化从而改变了雷达波束与目标之间的几何关系和入射角形成的，这种纹理是地质和地貌解译的重要因素。细微纹理是随机的。

由于图像纹理取决于空间色调的相对变化，而不是灰度的绝对值，所以它较少受到图像未校准的影响，同一地区的两幅图像间的纹理的外观基本不变。

纹理分析可以作为一种图像处理和信息提取方法直接用于图像处理分析，也可以引申开来，结合 GIS 进行。

3. 形状与形态

形状是指地物的周界或轮廓所构成的一种空间形式，一些人工和天然目标的特有的形状和形态成为它们特有的标志，易于在雷达图像上被识别出来（熊文成，2012）。比如，机场在雷达图像上总是呈现为黑色的彼此相交的条带；有沿街树丛的道路总是呈明亮的条带状；农田多呈较规则的方块状；森林则往往没有规则的边缘，但被砍伐的林区则具有呈黑色的、规则的几何形状，旁边一定有如呈暗色调的伐木小道。特别高分辨率的雷达图像可以探测飞机、船只，清晰地显示它们的形状，如近十字状的飞机、梭状的船只等。但一般来说，雷达图像表现的不是单一目标物的形态特征，而是目标物群体的形态特征和结构特征。随着合成孔径雷达系统分辨率的提高以及成像处理和图像处理技术、特别是计算机技术的发展，也许一些单一目标物的形态特征可以表现出来。

4. 尺寸与规模

目标物的尺寸与规模的可探测性与雷达系统的分辨率有很大关系，如 10m×10m 高分辨率的精细模式的雷达卫星图像可以用来直接量算一些小块农田的面积，而宽扫描模式的雷达图像则只能用来量算大面积的农田。高分辨率机载 L 波段 SAR 在 1998 年长江流域特大洪水监测中，可以用来探测和测算决口堤坝的长度。总之，从雷达图像上可以直接量算农田、森林砍伐区、水域的面积。而地物之间的相对尺寸和规模可以作为土地覆盖鉴别时的一个重要的间接线索。根据居民区的大小，我们可以间接地来推测人口的多少。

另外，地物所处的位置也是必须注意的。如果在坡面上，由于透视收缩的原因，叠掩和阴影会造成很大变形。

5. 阴影

雷达图像的阴影指的是没有雷达回波的区域，在那里没有任何目标物的信息，但阴影却提供了关于产生阴影地物的信息。利用阴影的长度可以推测目标物的高度，如山峰的高度、塔状建筑物的高度；利用阴影信息可以判断某一地区的起伏、切割程度；阴影也是构成地貌地形宏观信息特征的组成部分之一，借此我们可以判断岩性等。阴影在雷达图像的立体分析中也是一个非常重要的因素。

雷达图像上的阴影与其他图像上的阴影不同，它是雷达波束照射不到的部位。在解译时，须将阴影部分靠近判读人员，亮的部分则远离判读人员，否则会造成错觉，将原来是凸起的地形看成是凹下的。阴影是地形起伏或高大地物的标志，它掩盖了在这一部分的地物。

6. 模式

模式是指人工目标物或天然目标物产生的具有重要重现规律的影像特征，是人工目标物和天然目标物的重要特征。如水系模式和岩性有很大的相关性，是岩性识别的重要标志之一，而一些明亮的点状图像模式是城镇居民地及农村居民地。

地物的相对位置关系同样在雷达图像的判读中起着十分重要的作用，因为某种固有的位置关系，在目标信号不明显的情况下，往往可以通过与其位置关系紧密的地物发现目标的存在。例如，道路与路旁的树，有时邻近地物的回波可能掩盖道路的信息，但其两旁的目标，如树却可以在图像上表现为亮线条，从而把道路的信息"透视"出来。

2.3.3　雷达图像中典型地物的解译

下面介绍利用侧视雷达图像在解译各类地物时的一些特点和规律(孟侃，1982)。

1. 水

一般平静的水面总是成镜面反射，无回波信号，在图像上为黑色调，这样有时与雷达阴影发生混淆，如面积很小的水面。另外，在起伏较大的地区由于阴影干扰，难于提取水的信息，不过，因为水面的周围地物与水面形成不同的回波信号，利用这种关系，总可以解译出水面来。当水面有波浪时，在雷达图像上出现明暗相间的色调变化，这种情况下很容易发现水面。

对于河流而言，由于河流的流向与雷达波束方向所形成的角度差异，图像上就有不同的表现。当河流流向与雷达波束方向垂直或它们之间的夹角比较大时，很容易发现河流，这时近距离河岸是近距离端的均匀色调与无回波河面暗色调的分界线，远距离河岸由于河堤或岸边的树，形成角反射器，在图像上产生强回波，与河面形成较大的反差。若近距离河岸也有一行行的树，也会造成较强的回波，这时树的阴影可能使河面似乎显得更宽，而远距离的河岸上的树则可能造成叠掩，使河面显得窄了，所以要注意分析和判断。

在河流流向与雷达波束方向近乎一致时，河岸地物所形成的角反射器效应就会消失，河流的边界不会有明显强回波作为镶边。

2. 植被

植被的解译是图像解译中的重要内容。因为地面上大部分为植被覆盖，植被的信息不仅关系到它本身，而且关系到与它有关系的其他地物。例如，不同土壤上生长不同的植被，再如植被类型、密度与某种地质结构和岩石类型相关联等（徐茂松等，2012）。

与可见光和红外图像一样，不仅雷达图像中不同的植被可能具有不同的回波强度，而且同类植被也可能有不同的回波、不同类植被有时也可能有相同的回波信号。如何区分不同类型植被，需要对影响植被回波的因素进行分析。

影响植被回波的主要因素有含水量、粗糙度、密度、结构，对于人工种植的植物来讲，还有种植的几何形状等。一般来说，含水量大的植被回波信号要强。例如，雨后植被回波比雨前强。植被的粗糙度也可分为微粗糙度、中等粗糙度和宏粗糙度。微粗糙度的尺度小于一个分辨单元，仅与植物本身的状况如叶面大小、树冠疏密、枝叶密度等有关，其回波强度因波长和俯角而异，如一般落叶树比针叶树的回波强。中等粗糙度一般以数十甚至数百个分辨单元为尺度，它与植被的密度、高差及分布有关，与图像的纹理有直接关系，一般分布着稀疏植物的地面和农作物的图像纹理比较均匀、细致，而自然植被的图像有更多的斑点，通常根据图像的纹理和色调可以部分地画出各类植被之间的界线。宏粗糙度实际上是地貌粗糙度，其图像上的回波强度主要受坡度的影响。雷达观测方向和俯角在植被分析中是十分重要的雷达参数。合适的观测方向可以获得清楚显示植被界线的图像，并可以利用阴影估算植株的高度；合适的俯角可以使植被下的土壤特性的影响减至最小。一般来说，有利于植被类型和植被表面状态分析的侧视雷达系统应具备高于 8GHz 的频率，采用中等俯角，因为低频雷达波束和近垂直入射会增加穿透力，使土壤的回波干扰增加。

至于极化方式，如果要能很好区分不同农作物，则 VV 极化在同极化方式中是较好的，但农作物表面通常是一个粗糙面，具有去极化作用，故利用交叉极化信息能提高分类精度。

不同的季节对植被回波的影响也是明显的，因为不同的季节含水量不同，植物枝叶密度不同，植被表面粗糙度也不同。利用多时相雷达系统，结合多极化方式，会有助于更好地区分不同农作物。单频图像或单极化图像的分析效果往往并不太好，因为不同农作物的回波差异通常是很小的，将多极化图像与多时相图像结合起来分析不同的农作物，有时分类精度可以达到 90％ 左右。

3. 土壤

土壤的回波主要与土壤的含水量、粗糙度和土壤颗粒结构类型有关。一般来说，土壤的含水量增加，其表面对电磁波的反射增加、回波增强、穿透减弱。试验表明，X 波段的雷达波束在干砂土中可穿透 100cm 左右，若含水量增加 3％，则穿透深度减少一个数量级，土壤湿度再增加，就不再存在穿透。不同类型的土壤形成表面粗糙度的因素各不相同，另外由于其不同的土壤颗粒结构接收和贮存水的情况不同，这些都是借以分析不同土壤类型的基础。在没有植被覆盖的情况下，需要依照其含水量和粗糙度加以区分；在有植物覆盖的情况下，由于不同类型的土壤的含水量不同，影响植被的长势和类型，通过植被的回波可反映土壤的情况。

土壤湿度的确定是一个重要的内容，它关系到农作物的种植、旱灾和火灾的预测等。但影响土壤雷达回波的因素不仅有土壤的湿度，还有土壤粗糙度和植被的影响，所以必须将粗糙度和植被的影响尽可能减少，同时对雷达图像进行定标，以便进行定量分析。另外，还需要减少回波对土壤不同颗粒结构类型的依赖程度。大量试验结果表明，频率为 5GHz 左右，入射角为 $7°\sim17°$，采用 HH 或 VV 极化，可以使土壤粗糙度的影响减少到最低。把土壤湿度表示为归一化的含水量 mf（田间含水量的百分数），可以减少土壤颗粒结构类型的影响。在这些条件下，裸土散射系数（表示为分贝）与 mf 的关系式为（舒士畏等，1989）

$$\sigma^0 = 0.148mf - 15.96 \tag{2-9}$$

这时 σ^0 与 mf 的相关系数为 0.85。在有植被覆盖的情况下，则有

$$\sigma^0 = 0.133mf - 13.84 \tag{2-10}$$

这时两者的相关系数为 0.92。

4. 房屋与城市

房屋一般具有较强的回波信号。单独建筑物的 4 个侧面和顶面总有两面受到雷达波束照射，侧面与地面等可能组成多个角发射器，故回波较强。平顶建筑物屋顶大多形成镜面反射，于是整个建筑物在图像呈现 L 形。如果是人字形屋顶，图像上不再是 L 形，而是出现很亮的点状目标，因为屋顶的瓦面结构成了漫反射。村庄、集镇在雷达图像上表现为集聚成一片的点亮群，回波强度偏高。城市的建筑物密度大，排列很整齐，由于排列方向的不同，有时回波很强，有时却可能消失，它不像单独的建筑物可以构成角反射器，密集的排列使得在某些情况下不存在角反射器效应。在高低不一的建筑物之间才有可能形成多个反射器。

城市的飞机场面积大，具有多种地面设施，如机库、停机坪、跑道、指挥塔、候机厅等，一般飞机和建筑物回波强，跑道和停机坪等无回波，其间的草坪又具有中等回波，这样在图像上形成特有的机场图案，容易识别出来。

5. 公路、铁路与桥梁

公路路面对 X 波段和 K 波段来说，一般可认为是平滑表面，图像上是无回波的暗线条。当分辨率很低时，这个暗线条也无法辨别，但道路两旁的地物和建筑物、树林等却可能与道路构成角反射器，在图像上形成亮线条，暗示着道路的存在。高速公路在两个单行道之间常有隔离物如水泥墙墩、栏杆或一条植被覆盖带，这些隔离物在两条暗线条间形成高线条。暗线条有时不一定是公路，其他地物如灌溉渠道等也会形成暗线条，这时需根据相关的目标进行分析，比如桥梁、水体、建筑物等。铁路在雷达图像上的色调变化很大，有时很强，有时很弱。当铁路的延伸方向与雷达图像的距离向一致时，图像上的信息为一暗线条，加上铁路路面窄，在分辨率低时，铁路的信息就会被掩盖。在铁

路与航向平行时，铁轨与路面，铁路与两旁的树木，路基与两侧地面构成二面角，图像上出现强回波线条。

　　桥梁的桥面一般因镜面反射在图像上无回波，但是由于桥梁各部分，如扶墙、栏杆、横杆等之间能形成许多角发射器，因此在很窄的指向角范围内都具有强回波。此外，桥墩和水面所形成的二面角反射器也能贡献强回波，在图像分辨率很高的情况下，甚至可以分出桥墩的数目。但桥墩和水面在一定条件可能在图像上形成虚桥，即图像上可以看到两条靠得很近的桥，其中较亮的那条是实际存在的桥，较暗的那条为虚桥，这是在判读时需要注意的。

第 3 章　贵州高原山区烟草种植条件
与适宜性分析

3.1　烟草的生长发育过程

烟草从播种出苗到叶片成熟，采集完毕所经历的时间称为烟草生育期。烟草的生育期为160~180d，因品种和生产条件不同而有所变化。根据烟草在整个生育期内形态变化和生长特点不同而划分的若干阶段称为生育时期，烟草的生长可分为苗床期和大田期(王东胜等，2002)。

3.1.1　苗床期

从播种到移栽这一时期称为苗床期，一般为 65~90d。图 3-1 为烤烟育苗基地照片。苗床期因各地环境条件、育苗方式和管理水平不同而有很大差异。苗床期可分为 4 个生育时期。

1. 出苗期

从播种到子叶平展，即为出苗。这一时期，水分和温度是关键。水分不足会延迟出苗，甚至造成闷种、闷芽等。种子萌发最低温度为 7.5~10℃。幼芽在 17~25℃内顺利生长，以 25~28℃最为适宜，超过 35℃幼胚易受伤害。

2. 十字期

出苗后第 1、2 片真叶长出，与子叶大小相近，交叉呈十字状时称十字期。十字期对外界环境比较敏感，管理稍有不慎极易死苗。此时主根入土很浅，侧根刚发生，光合能力弱，抗逆性差，极易死苗。十字期对土壤干旱极为敏感，土壤水分以保持在田间最大持水量的 70%~80%为宜。对高浓度盐分也特别敏感。

3. 生根期

因第 3 或第 4 片真叶斜立如耳状，又称"小耳期"或"猫耳期"。此时幼苗光合能力较十字期有很大提高。根系生长十分活跃，主根明显增粗，1 级侧根大量发生，2、3 级侧根陆续出现，地下部生长快于地上部。为了促进根系生长，应适度控制水分，保持土壤湿度在田间最大持水量的 60%左右为宜。漂浮育苗采取剪叶技术来协调地上地下部分同时生长。

4. 成苗期

幼苗生长明显，根干重和体积不断增加，90%以上的干物质都是在这一阶段形成，所以需要有适量的水分、充足的养分和光照。近几年随着烤烟技术的推广，育苗采取漂浮育苗技术，不用土育。

图 3-1　烤烟育苗基地

3.1.2　大田期

从移栽到采收完毕为大田期，根据烟草的生长特点，大田期分为还苗期、伸根期、旺长期和成熟期 4 个生长阶段。

1. 还苗期

当根系机能恢复，新根发生后，地上部随之恢复生长，叶色转绿，日晒不萎，即为成活。这一时期即为还苗期(图 3-2)，这一过程一般 7~10d，越短越好。带土移栽或假植育苗移栽往往无明显的还苗期。该期应特别加强水分供应，确保烟苗及时成活。

图 3-2　烟草还苗期与伸根期

2. 伸根期

烟苗茎部伸长加粗，新叶不断出现，到株高 33cm 左右，展开叶达 12~16 片时，株型近似球形，称为团棵，即为伸根期(图 3-2)。一般约需 30d 左右，是大田管理的重要时期，应上下兼顾，注意促进根系的生长。

3. 旺长期

团棵后茎叶开始迅速增长，茎高每天可增加 3～4cm 以上，2 天即出现一片叶，生长十分旺盛(图 3-3)。茎生长最开始分化成花序原始体，叶芽分化停止，主茎顶端中心出现绿色花蕾，烟株由营养生长转为生殖生长，一般历时 25～30d。旺长期的叶面积、光合生产率、干物质积累最大、最多；营养生长和生殖生长同时进行，群体和个体的矛盾较突出，对水、肥、光等环境条件敏感。叶数、叶片大小、叶重主要决定于这一时期，这一时期同时也是决定产量和质量的关键时期，所以团棵前后的营养条件十分重要，各种措施必须适时实施，做到旺长而不徒长。

图 3-3　烟草旺长期

4. 成熟期

烟株现蕾后，叶片自下而上陆续落黄成熟(图 3-4)。茎的生长在开花后停止，根系仍有增长。从现蕾到叶片采收结束需 30～60d，留种栽培应延至蒴果成熟。只采收叶的烟株要打顶抑芽。

图 3-4　烟草成熟期

3.2　环境条件对烟草生长发育的影响

烟草是适应性较广、可塑性很强的作物，在世界上广泛种植分布。影响烟草生长的环境因素很多，主要是光照、温度、水分、土壤及矿质营养（陈海生等，2009）。但在不同的自然条件和农业技术措施的影响下，烟草的生长发育、烟叶的产量和品质都有明显的差异。环境条件对烟草生长发育的影响是各环境因素综合作用的结果，某一因素对烟草生长发育的影响程度会随着其他因素的变化而变化（费丽娜，2007）。环境条件通过影响烟草的生长发育而影响到烟叶的产量和品质，同时，有利于提高产量的环境条件往往不一定对品质有利（刘国顺，2003；汪璇，2009）。不同烟草类型和品种对自然条件的要求虽然不同，但总体而言，温暖、多光照的气候和排水良好的土壤对于烟草的生长发育是比较合适的。

3.2.1　土壤条件

土壤是烟草生长的物质基础，土壤的生态条件与烟叶质量密切相关。烟草既可种植在砂性很大的土壤上，也可种植在很黏重的土壤上，但在不同的土壤上生产的烟叶品质差异非常显著，可以说，在所有的环境因素中，土壤对烟叶的品质影响是最为突出的。因此，选择适宜的土壤是烟草种植获得良好品质和高产的重要环节（李锡宏等，2008）。

1. 土壤的物理性状

1）土壤质地

土壤质地是指土壤中砂粒、粉砂粒和黏粒三者的相对组成，它反映了土壤的砂黏程度。土壤质地分砂土、壤土和黏土三大类及其中间过度类型。土壤质地决定和影响土壤的保水性、导水性、保肥性、保温性、导温性以及土壤耕性等，对烟叶的产量和品质有重要影响。

一般以表土疏松而心土略有紧实的土壤较为适宜。这样的土壤既有保水保肥能力又有一定的排水通气性能，适宜于烟草的生长发育。烤烟适宜在轻壤土、中壤土或含砂质的重壤土、轻壤土上栽培。晒黄烟适宜栽培的土壤质地与烤烟相似。在质地轻的疏松土壤上生产的烟叶片较轻薄、颜色淡，而在质地重的土壤上生产的烟叶片厚重、颜色深。

2）土壤水分

土壤水分是烟草生长发育生理需水和生态需水的主要来源。土壤中营养物质只有在适宜的水分条件下才能分解、释放和供给烟株吸收利用。土壤水分还能调节土壤通透性。土壤缺水时，烟株生长缓慢，甚至停止生长，导致底叶过早衰老枯黄而发生底烘；严重缺水时，烟草叶片干枯死亡。土壤水分亏缺时，叶片狭小而较厚，叶肉组织紧密，燃烧性差，烟叶吃味辛辣。土壤水分过多时也有不利影响，在相同的水分张力下，不论其含水量多少，其有效性都是一样的。

土壤水分过多对烟草的生长发育与烟叶的产量和品质也有不利的影响。土壤水分过多，阻碍了空气交换，削弱了根系呼吸和吸肥、吸水的能力，使烟草生长受到抑制；土壤水分过少烟草的生长受阻，叶面积减少，茎秆高度降低，干物质累积减少。特别是旺长期干旱对烟株茎叶生长的影响更显著。

　3）土壤通气性

　土壤通气性是烟草生长的重要土壤环境条件。烟草是需氧较多的植物，氧是维持烟草根系功能的重要因素。由于烟碱是在烟草根系，尤其是在幼根中形成的，如果通气性不良，土壤供氧不足，根系呼吸受阻，新生根的形成及活性减少，将直接影响烟碱的合成。所以良好的土壤通气性对根部烟碱的合成十分重要。适合烟草生长发育的土壤耕层通气性为 15%～22%，这样的土壤空气和水分协调，有利于烟草根系的呼吸，同时有利于土壤养分转化。

　4）土壤温度

　土壤热量的来源以太阳辐射为主，此外还有土壤中的物理化学反应以及低等生物的活动等。土温是烟草根系发育良好与否的重要条件，它直接影响着根系的活动功能。土温低，根系代谢活动降低；土温超过正常温度，则根的代谢活动遭到破坏。同时，土温控制着土壤中微生物的生命活动、有机质分解和氮素释放以及土壤中一系列物理、化学反应的速度，如离子扩散、物质溶解等。因此，土温直接影响土壤养分的供应状况及有效性。通常，在高温季节土壤微生物活动最活跃，土壤有机质矿化最快，土壤供肥能力最强。

　2. 土壤的化学性状

　1）土壤酸碱度

　土壤酸碱度常用土壤 pH 值表示，土壤 pH 值指的是土壤溶液中氢离子活度的负对数。通常，按土壤酸碱性的强弱将土壤划分为 6 级（表 3-1），烟草在 pH 值为 4.5～8.5 的范围内均能生长，但最适宜的土壤酸碱度为弱酸至中性，即 5.5～7.0（邵丽等，2012）。

表 3-1　土壤酸碱性等级表

土壤 pH	<4.5	4.5～5.5	5.5～6.5	6.5～7.5	7.5～8.5	>8.5
反映级别	极强酸性	强酸性	微酸性	中性	微碱性	强碱性

　土壤 pH 值对烟草的生长发育具有直接和间接的影响。直接影响表现为土壤 pH 值过高或过低时对根部有损害，影响根部的吸收机能。间接影响是土壤 pH 值制约营养元素的形态及其在土壤中的浓度。土壤的 pH 值对烟叶内在的质量影响主要表现在余味、杂气和刺激性上，而对香气质和香气量的影响不显著。需要指出的是，烟草的产量和品质并非单独取决于土壤 pH 值，土壤 pH 值这一单一因素与烟叶的产量和质量并没有直接的关系。在一定 pH 值范围内，可能只是与土壤 pH 值有直接关系的第二因素（如营养元素的缺乏或过量、土壤微生物活动的障碍等），对烟叶质量与产量产生影响。

　2）土壤肥力

　土壤肥力是植烟土壤的又一重要性状。一般来说，土壤有机质的含量是土壤肥力高低的一个重要指标，土壤有机质是各种营养元素（特别是氮、磷）的主要来源，土壤的含氮化合物中，有机态占 95% 以上；土壤中的磷有 20%～50% 是有机磷化合物。土壤中有机胶体腐殖质的代换量比无机胶体大 4～5 倍，能吸附较多的阳离子，因而具有保肥力和缓冲性。有机质又是土壤微生物必不可少的碳源和能源，土壤有机质含量过高或过低对烟草产量和质量的影响除了本身作用以外，往往是施肥不当对烟叶产量和质量的影响更大。

反映土壤肥力的另一个指标是土壤速效养分含量。我国在烟草生产上尚无衡量土壤肥力的同一指标，至于种烟土壤属于高肥、中肥或低肥水平，也都是各产烟省从土壤养分含量及其对烟叶产量和质量作用的结果两方面进行评估划分的。

3.2.2　气候条件

气候是不同地区烟叶品质差异的主要影响因素。在气候和土壤两大生态因素中，气候因素人为难以改变，只能趋利避害。气候条件与栽培技术对烟草生长发育的影响又是密切相关的，栽培技术有时可促进气候的良好影响，有时可避免气候的不良影响。影响烟草生长发育的气候条件有无霜期、温度、降水、空气相对湿度、日照以及霜冻、冰雹、大风等灾害性天气(许自成等，2008)。

1. 温度

烤烟是喜温作物，对温度的反应比较敏感，不同的温度条件对烤烟的品质、产量影响比较大(邵岩，2007)。优质烤烟在生育期内对温度的要求是前期较低、后期较高。在无霜期少于120d或稳定通过10℃的活动积温少于2600℃的地区，难以完成正常的生长发育过程。烤烟生长的温度范围较大，生长最快的温度为31℃左右，最适宜的温度为28℃左右，低于17℃生长缓慢，高于35℃干物质消耗大于积累，烟碱含量增高。烤烟生育前期，如日平均气温低于18℃，特别是在13℃左右时，将抑制生长，导致早花，造成减产降质。从烤烟的品质出发，烟株对气温的要求是前期较低、后期较高，这样有利于叶内积累较多的同化物质。在大田生长阶段的中、后期，若日平均气温低于20℃，同化物质的转化积累便受到抑制，影响烟叶正常成熟。气温越低，形成的烟叶质量越差。成熟期的热量状况对烟叶质量的影响最为显著，所以通常把烟叶成熟期的日平均气温作为判别生态适宜类型的重要标志。一般认为，要获得品质优良的烟叶，叶片成熟阶段的日平均气温不应低于20℃，而较理想的日平均气温为24℃左右。

2. 积温

烟草完成一生的正常生长需要一定的积温。在烟草生育期内，只有积温满足其生长发育的需要，才能获得优质的烟叶。如果生育期间的昼夜平均温度较低，烟草为满足自己所需要的积温，将要延长生育期，因而直接影响烟叶的产量和品质。积温有总积温、物理积温和有效积温3种。有效积温并不是越大越好，有效积温过高，反而会降低其有效性。所以在高温地区或高温季节，往往温度的有效性差。一般认为，大田期≥8℃的有效积温为1200~2000℃，≥10℃的有效积温为1000~1800℃，采烤期≥8℃的有效积温为600~1200℃，可以生产出品质优良的烟叶。烟草生长期间，只有积温满足其生长发育的需要，才能获得稳产优质的烟叶。积温对于烤烟大田生长发育有一定的影响是可以肯定的，但也不是唯一的，因为烟草的生长发育和其他环境条件也有直接关系。

3. 日照

日照条件对烟草的生长发育和新陈代谢都有较大的影响。烤烟是一种喜光作物，充足而不强烈的光照能使烟株生长旺盛、叶厚茎粗、繁殖力强。在强光直射下，叶片厚而粗糙、油分不足，对烟叶质量不利，过分强烈的光照还会引起日灼病。如光照不足，则烟株光合作用受阻、生长缓慢、机械组织发育差、植株纤弱、成熟期延迟、干物质积累少、叶片薄、香气不足、品质下降。因此，充足而不强烈光照，对于烟叶品质有利，尤其是旺长期，充足的光照能增加干物质的积累；到成熟期，充足而和煦的光照是生产优质烟叶的必要条件。光照时间的长短影响烤烟的生育，烟株正常生长每天需要 10h 以上的光照，少于 8h 则生长缓慢，叶少色淡身份薄。

4. 降水

烤烟叶片大，需水最多，未成熟的烟叶含水量达 92%～93%，成熟叶内含水量达80%左右。烤烟属比较耐旱的作物，为了获得理想的产量与优良的品质，烤烟适合种植在降水量充足的地区。水分过多和不足对品质和产量都有影响。在温度和土壤肥力适中的条件下，降水充足，烟株生长旺盛、叶片大而厚薄适中、产量较高质量好；降水不足，土壤干旱，烟株生长受阻、长势差、产量低、叶片小而厚、组织粗糙、质量差，严重缺水时叶片凋萎，出现"旱烘"，甚至枯死。降水对烤烟的影响，不仅仅表现为全生育期降水量的多少，还表现为生育期各阶段雨量的分布对产量品质的影响。烤烟在旺长期以前，烟株小、耗水量低，适度干旱能促进根系发育，此时的月降水量以 80～100mm 较为理想。旺长期耗水量最大，此期如水分过于亏缺，则会严重降低烟叶产量与质量。在降水量分布比较均匀的情况下，月降水量 100～200mm 即可满足需要。成熟期降水量的多少对烟叶质量影响最为显著，降水量过少，烟叶厚而粗糙，烟叶含糖量低而烟叶中的烟碱与含氮化合物的含量高。如多雨寡照，则烟叶薄且难烘烤、烟碱含量低、香气平淡。此期月降水量为 100mm 左右较为理想。

5. 空气相对湿度

与降水密切相关的另一气候因素是空气相对湿度。其变化一方面与空气中的水含量有关，另一方面又随温度高低而异，温度增高时，相对湿度减小，温度降低时，相对湿度增大。因此，与温度变化相反，空气相对湿度每天的最高值出现在清晨，最低值出现在下午 14：00～15：00 时。空气相对湿度的变化对烟草的生长发育影响较大。如果湿度过低，易引起烟草强烈的蒸腾作用，往往造成烟草水分失调，叶片萎蔫；如果湿度过高，往往降水过多，大量氮素被淋溶，烟草吸收的氮素显著少于达到优质烟叶所需要的量，烟叶化学成分比例失调。在适宜生长的季节，降水和湿度均适于烟草吸收足够的氮素，烟草生长良好，烟叶化学成分也趋于合理。

6. 灾害性天气

栽培烟草的目的是要得到完整无损的叶片。如遇到灾害性天气也会对烟叶的生长产生影响，并受到不同的损失。接近成熟的叶片较大，植株较高，受到 5 级以上的大风就会对烟草造成危害，风力过大则会吹倒烟株，轻则使叶片摩擦造成伤痕。冰雹对烟叶的危害性很大，如果遇到冰雹，会使烟叶大量破损甚至死亡，尤其在移栽后的团棵期。霜冻也是应当注意的问题，尤其烟草幼苗，为保证烟草幼苗的成活率和品质，一般都在培育大棚里完成，然后选择最佳移栽时期。

3.3 贵州高原山区烟草种植适宜性分析

3.3.1 烟草适宜性评价基础理论

1. 区位论

区位论是关于人类活动的空间分布及空间之间相互关系的学说，简单地说，区位是指社会、经济等活动在空间上分布的位置(朱德举，1996)。区位论的发展经历了 3 个阶段：古典区位论、近代区位论、现代区位论。与生态适宜性评价密切相关的区位论主要是农业区位论，由德国经济学家屠能于 1785~1850 年创立。他根据农业布局与市场的关系，探索了因地价不同而引起的农业分带现象，于 1826 年出版专著《孤立国同农业和国民经济的关系》（简称"孤立国"）。其次是现代区位论，它立足于整体国民经济，着眼于地域经济活动的最优组织，把区位研究同地域分工和区际、国际贸易相结合，形成了宏观区域经济理论。

现代区位论为烟草业的宏观布局提供了理论的基础，也为烟草的生态适宜性评价结论的合理性验证提供思路。

2. 系统工程理论

"系统"一词来自拉丁语 Systema，是"群"与"集合"的意思。系统论的创始人、理论生物学家和哲学家美籍奥地利人路德维格·贝塔朗菲认为，"系统是相互作用的诸要素的综合体"，是研究系统的模式、性能、行为和规律的一门科学，它为人们认识各种系统的组成、结构、行为和发展规律提供了一般方法论的指导(唐幼纯等，2011)。系统是由若干相互联系的基本要素构成的，它是具有确定的特性和功能的有机整体。开放系统与外界或它所处的外部环境有物质、能量和信息上的交流，而一个封闭系统则不然。

生态环境是一个开放的巨系统，研究生态环境对于烟草种植这种利用方式的适宜性，就要系统分析生态环境中各个子系统组分对烟草生长的影响及各组分间的相互联系，以科学地遴选评价指标。

3. 生态平衡理论

一般认为生态系统是由生产者(植物)、消费者(动物)、分解者(微生物)和无机环境所构成。生态系统内部各组分间在一定条件下保持着相互依存的相对稳定状态，叫作生态平衡。它表现在该系统中生物种类组成、种群数量、食物链营养结构的协调稳定；能量和物质的输入输出基本相等；物质贮存量动态恒定；生物群落与环境之间达到了相互适应和同步协调(胡钟胜等，2012)。生态系统分自然生态系统和人工生态系统。烟田属于半人工生态系统，它是受人类活动强烈干预的自然生态系统。自然生态系统的平衡是在基本上没有人类干预的情况下，由其自身的不断发展和演替而实现。

人类利用土地进行烟草种植活动，应该自觉遵守生态系统发展规律，在获取所需的物质和能量(如烟叶)的同时，及时地加以投入(补充)，达到生态系统的重新平衡。结合到烟草的生态适宜性评价工作，在选择适宜性评价指标时，应着重考虑自然条件的限制性和适宜性。

4. 可持续发展理论

人类从 20 世纪 70 年代开始产生了可持续发展的思想，该思想经历了 3 个阶段：①1972 年于斯德哥尔摩展开的人类环境大会提出环境与经济必须协调发展的理念；②1987 年 Brutland 提出可持续发展的概念并制定全球可持续发展战略对策；③1992 年于巴西召开的联合国环境与发展国家首脑大会将可持续发展作为全球社会经济发展的战略。同时，中国也相应地制定了《中国 21 世纪议程》，并把可持续发展作为中国经济发展的战略加以实施。《我们共同的未来》将可持续发展定义为"既满足当代人的需要，又不损害后代人满足需要能力的发展"。对于土地的持续管理，根据 1991 年内罗毕拟定的《持续土地管理评价大纲》的定义可以概括为 5 点：保持和提高生产力（生产性）、降低生产风险（安全性）、保护自然资源的潜力和防止土壤与水质的退化（保持性）、经济上可行（可行性）和社全可以接受（接受性）。

对于烟草种植来讲，土地要实现持续性利用，就必须满足上面 5 条标准；对于生态适宜性评价来讲，评价结果要反映出对于种植烟草这种土地利用方式是否具有持续性，如果存在潜在的导致土地退化的可能性，则在理论上讲，该利用方式并不适宜。

3.3.2　烟草生态适宜性评价方法

烟田生态适宜性表示烟田对生态因子的要求与其所处的环境提供的因子的相似程度，其评价方法有很多（王东胜等，2002；杨扬，2006）。

1. 平行对比分析法

平行对比分析法是作物生态研究的最基本方法之一。所谓平行对比法就是一方面观测分析作物生长发育状况与产量，另一方面在同一时期观测分析环境条件的变化，使作物与环境条件紧密结合起来。通过对两种资料的分析，便可揭示环境因子对作物生长发育和产量形成的影响。归纳起来有：①田间试验资料与环境资料对比分析方法，该方法是根据研究任务的需要安排试验，通过 3~5 年的田间试验观测资料，结合环境条件进行对比分析后，确定有关指标；②产量与环境条件的对比分析，这种方法是根据地区作物多年产量资料和相应时期的环境条件进行对比分析，确定出影响作物产量的关键时期及关键因子。作物产量的形成是多种环境因素综合作用的结果，但其中对作物产量的形成必有起主导作用的因子。通过调查研究，分析出影响该地区作物产量高低的主导因子和关键时期，从而确定有关指标。对比方法中最经常使用的方法是逐年产量资料对比方法。

2. 相似分析法

相似分析方法是采用多种统计手段分析作物生态适应性，或通过不同地区作物生态适应性相似程度的比较，或对生态条件的比较，来分析作物的生态适应性。这类方法可以是定性分析，也可以是定量研究，随不同的研究目的而变化。它既适合于对一地区各种作物生态适应性的分析，也适于某一作物的地区生态适应性分析。

3. 聚类分析方法

聚类分析是研究"物以类聚"的一种方法。聚类分析内容丰富，方法很多，可归纳为两大类：①"亲性"指标，即确定类与类之间相似程度的相似系数；②"疏性"指标，确定类与类之间远近距离的距离法。这类方法是：首先，确定样品之间的距离和类与类之间的距离，一开始将 N 个样品各自成一类；然后，将距离最近的两类合并，重新计算新类与其他类的距离；再按最小距离归类。这样，每次缩小一类，直至所有样品归为一类。分为 4 个步骤：①根据作物的生态条件及当地的环境条件分析，选择影响作物生长发育及产量形成的关键因子；②选择度量相似程度的统计量及其均一化，进行数学分类，需选择一个能反映对象之间亲疏关系的合适统计量；③形成分类系统，有一次聚类、逐次聚类、添加法、最短距离、最长距离等分类法，可根据研究目的和资料，选择一种分类系统；④选择适宜度指标进行划区。但是这种方法分类指标不明确，给评述工作带来一定的困难，各因子处在同等地位，无主次之分，不能明确影响作物生长发育及产量形成的主导因子，同时分类系统中的阈值确定是人为的，因此也是带有一定的主观性。

4. 层次分析法

层次分析法是把复杂问题中的各种因素通过分析其相互关系使之条理化，划分出层次，并对每一层的因素相对重要性给予定量表示，以此分析较为复杂的问题。由于该方法能对各层的主要限制因子进行成分分析，具有系统性、条理性、灵活性及实用性等特点，因此，该方法也较广泛地应用于作物生态学中的生产力研究方面。

5. 回归分析

回归分析包括一元回归分析、多元线性回归分析、逐步回归分析和二次旋转回归分析等。一元回归分析是研究单一因素与作物生长发育及产量形成的关系；多元回归分析是研究尽可能多的环境因子与作物的关系；逐步回归分析利用统计方法在为数众多的因素中"挑选"与作物有特别密切关系的因素，建立定量关系；二次旋转回归分析的主要特点之一就是可以表明各种因子之间的交互作用与作物的关系。由于各种定量关系式是根据各种现象之间的相互关系，通过统计手段建立起来的作物与环境条件之间的经验统计模式，公式简易明了，使用方便，但它具有明显的区域性和较弱的外延性，不能确切地反映出作物生长发育及产量形成与环境条件之间的关系的内部机制。

6. 系统分析

作物生态是一个极其复杂的物质体系，要合理地利用环境条件，就必须将作物与环境作为一个整体，从系统论的角度出发，系统地分析自然资源特点，寻求最佳利用方案。系统分析无疑是较好的一种方法。它具有多学科性、多方案、定量和定性方法相结合等特点，系统分析工作不是多种学科的简单叠加，不仅要求它的具体工作能达到它所涉及的学科的科学标准，而且经常提出在许多学科中的尚未涉及的领域，或需要涉足于几个学科的边缘地带。系统分析有 4 个步骤：①确定研究对象，这个步骤是系统分析最重要的阶段，它关系到系统分析工作的成败。不同的研究对象，可以利用不同的系统进行研究。②提出解决方案，需要搜集有关研究对象的信息和数据，并且对如何解决所提出的问题和达到预想的目标提出若干选择的方案。③构造模型，即进行实际的构造模型，并将已证实可以使用的数据和各种假设在模型上运行。在构造模型的过程中，需要对所用的数据进行检验，确定变量之间的数量关系。④评价，根据已建立的模型(包括已确定的参数)和备选方案就可以在计算机上进行计算，对各种方案做出初步评价。

3.3.3　烟草种植适宜性划分方法及评价指标体系

1. 划分方法

烟草种植适宜性类型即烟草的适宜生态类型，是指生态条件对优质烟草生产合适程度的档次划分。在全国烟草种植区划研究中，烟草适宜性类型共可分为最适宜、适宜、次适宜和不适宜 4 个等级。等级划分的方法是：以烟叶品质为依据，从适宜性和限制性两个方面选择起主导或重要作用的生态因素作为判别标志，并按其影响程度确立各个等级相应的指标系统，进而采用逐级筛分法确定出烟草生长适宜性类型(唐幼纯等，2011)。

1)最适宜类型

生态条件优越，虽然可能存在个别不利条件，但很容易通过技术措施进行弥补，能够生产优质烟叶。

2)适宜类型

生态条件良好，虽然有一定的不利因素，但容易通过技术措施进行弥补，生产的烟叶使用价值较高。

3)次适宜类型

自然条件中有明显的障碍因素，改造或补救困难，生产的烟叶使用价值低下，烟叶质量评价属于"一般"或"差"，部分为"尚好"档次。

4)不适宜类型

自然条件中有限制因素，并且难以通过技术措施进行改善。烤烟不能完成正常的生长发育过程或能正常生长、但生产的烟叶使用价值极低。

2. 评价指标体系

作物生态适宜性评价的实质是根据不同作物的生理生态特性，对影响作物品质、产量和效益的生态因子进行评价的过程。尽管影响作物生长发育的因子很多，在作物的不同生育阶段对作物的作用也不尽相同，但大量的研究发现，对于绝大部分作物来说，光照、温度、水、土壤是它们生长最主要的限制因素。因此，目前的作物生态适宜性评价研究，多数学者是从研究区自然地理要素的气候、土壤两方面来选取指标进行评价。这种单因素的评价在特定情况下针对性强，能抓住要害，非常有效。也有部分学者考虑到各生态因子之间的协同作用，较系统地构建了作物适宜性综合指标体系，比单一考虑气象类指标或土壤指标有所发展，更接近客观实际。

1)气候适宜性评价指标体系

气候决定着一个地区的植被类型以及相关地貌形态的发育过程，同时也对地区的自然环境具有决定性的影响。光、热、水是组成气候的基本要素，它们的多寡和相互配合如何,从宏观上看,是可以决定一个地区能种什么,其品质好坏的重要因素(朱德举,1996)。

目前,对于作物适宜性气候因子的选择主要集中在日照、温度、降水 3 个方面。根据不同作物生长对气候条件的要求,研究者从中选取不同的评价指标构建指标体系,然后根据各指标的重要性程度计算权重,最后完成综合评价。

目前,作物气候评价指标体系主要围绕作物生长所需要的光、温、水条件来选择适当的评价因子。但不同作物的生长对于气候的要求各异,因而评价指标存在很大差异,即使是同一种作物在不同地区,由于区域气候条件各异,所选取的指标及适宜范围也不尽相同。

2)土壤适宜性评价指标体系

土壤是地球表面可以支持植物生长的疏松矿物质或有机质,是人类赖以生存的最基本资源条件。土壤条件的好坏直接影响着土地综合利用与开发,并关系到种植业发展的方向及种植业模式规划等问题。作物土壤适宜性评价研究的目的就在于揭示土壤对不同作物种植的适宜性与限制性,为确定最适宜的用地方式和充分发挥生产潜力提供依据。

目前,在作物土壤适宜性评价中一般注重选择种植区土壤的理化性质来构建指标体系。化学性质指标主要有 pH 值、有机质和有效 N、P、K 及一些有益元素;物理性质指标主要包括土壤质地、土壤容重、土层厚度、土壤持水能力、土壤保水性、土壤水分含量和土壤温度等。

3)生态适宜性综合评价指标体系

作物生态适宜性评价选取气候或土壤方面的因素,这些单因素的评价针对性强,对于抓住主要问题非常有效。指标体系研究都重点放在选择与评价上,大量研究都在检验从点的小尺度转到土地资源区域的精确度、灵敏度。可以使用定性或者定量的方法评价指标,定性评价就是指标的本质,定量评价就是指标的精确度。

3.3.4　评价指标的选取和隶属度构建

1. 评价指标选取原则

开展烟草的生态适宜性评价研究,必须正确地筛选参加评价的生态指标,合理地确定权重,并采用适宜的评价方法,进行科学分区。评价指标的选取直接关系到评价结果的正确性、代表性、科学性和成果应用的可接受性。

1)显著性原则

选取对烟草生长发育有显著影响,对烟草质量和产量密切相关的土壤和气候因子作为评价指标。

2)稳定性原则

选择评价指标时,必须注意各种因素的稳定性。一般认为,气候、地形、成土母质等最为稳定,土壤因素中土层厚度、土壤质地、土地构型等性质比较稳定,而土壤养分含量、含盐量等则属比较不稳定。所谓稳定性高低,从土地利用角度来说,就是对土地进行改造的难易程度,无论评价区域大小和制图比例尺如何,都应该挑选稳定性较高的因素作为评价指标,以使评价结果相对稳定,便于应用。

3）主导性原则

由于因子之间具有相关性，重复选择相似的因子不仅会加大工作量，而且对评价结果可能产生不良的影响。为此，还必须结合运用主导因素分析方法，在各种生态因素中找出少数代表性强的主导因素加以分析。主导因素不仅反映出土地评价单元的主要特征，同时还会影响其他因素，并反映出土地改造、利用的难易程度的差异，因此，能更好进行土地评价单元的分类。

4）区域差异性原则

尽管某一因子对烟草生长发育有重要影响，但是如果该因子在既定的评价区域内没有明显差别，就不能反映出该区域内所有评价单元对该因子的适宜性程度的差别，那么该因子对于该区域内的适宜性评价可能无意义，故一般不能将其作为评价指标。

5）可操作性原则

选取的评价指标要有可操作性，以便于在实践中应用，指标要有可测性和可比性，易于量化，资料容易获取，便于选择统计方法和一定的数学模型进行量化分析。

2. 评价指标隶属函数的构建

1）理论基础——精确数学与模糊数学

精确数学是建立在集合论的基础上，根据集合论的要求，一个对象对于一个集合，要么属于、要么不属于，两者必居其一，且仅居其一，决不允许模棱两可。因此，一个集合到底包含哪些事物必须明确，这是最起码的要求。由于集合论的这个要求，就大大地限制了它的应用范围，而使它无法处理日常生活中大量不明确的模糊现象和概念。随着科学的发展，过去那些与数学毫无关系或关系不大的学科，如生物学、心理学、语言学以及社会科学等，都迫切要求定量化和数学化，这就使人们遇到大量的模糊概念，这也正是这些学科本身的特点所决定的。人们决不能为迁就现有的数学方法而改变由于这些学科的特点而决定的客观规律，而只能改造数学，使它应用的范围更为广泛，模糊数学就是在这样的背景下诞生的（吴克宁等，2007）。

模糊数学是研究和处理模糊体系规律性的理论和方法，把普通集合论只取 0 或 1 两个值的特征函数，推广到[0，1]区间上取值的隶属函数，把绝对的属于或不属于的"非此即彼"扩张为更加灵活的渐变关系，因而把"亦此亦彼"中间过渡的模糊概念用数学方法处理。属于最优的程度称为隶属度，它是 0~1 的数，越接近 1，隶属于最优的程度越大。这样，每给一个元素一定的数值就对应一个隶属度，我们把这种对应关系称为隶属函数。

作物在生长发育过程中适应所处的特定环境并形成一定的生态幅，也就是说作物对每一种生态因子都有其耐受的上限和下限，上下限之间就是生物对这种生态因子的耐受范围，其中包括最适生存区。生态学上将最大上下限值和最适区的两端点称为作物的生态三基点。生态是一个灰色系统，系统内各要素与生态适宜性之间关系十分复杂。此外，生态适宜性评价中还存在许多不严格和模糊性的概念，为解决此类问题，在评价中引入模糊数学的方法，采用模糊评价方法来进行烟草生态适宜性等级的确定。

模糊数学中隶属函数的关系主要有 3 种：抛物线关系、S 形曲线关系和反 S 形曲线关系。呈抛物线关系的因素对烟草生长发育有一个最佳适宜范围，超出此范围，随着偏离程度的增大，对烟草生长发育的影响越不利，如气温、土壤 pH 值；呈 S 形曲线关系的因素在一定的范围内与烟草产量成正相关，如有效土层厚度、土壤速效钾含量；呈反 S 形曲线关系的因素在一定的范围内与烟草产量成负相关，如坡度。为方便计算，可将抛物线近似为梯形分布，如图 3-5(a)；将 S 形曲线近似为升半梯形，如图 3-5(b)；将反 S 形曲线近似为降半梯形，如图 3-5(c)。

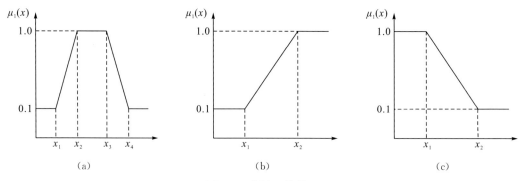

图 3-5　隶属函数类型

(a)抛物线形隶属函数曲线(parabola fuzzy membership function)；(b)正 S 形隶属函数曲线(S fuzzy membership function)；(c)反 S 形隶属函数曲线(inverted S hazy membership function)。

2)气候适宜性指标隶属度

选取大田期≥10℃活动积温(℃)、大田期日照时数(h)、大田期相对湿度(%)、旺长期平均温度(℃)以及旺长期降水量(mm)作为气候适宜性指标，表 3-3 为 2013 年研究区气象数据表。根据以往的研究，结合产区生产实践经验，确定各参评指标的函数类型以及转折点(见表 3-2)(符勇等，2014b)。常用的气候隶属度函数类型为抛物线形隶属度函数[式(3-1)]，通过气候隶属度函数[式(3-1)]计算各指标的隶属度值(符勇等，2014b)。

$$N = \begin{cases} 0.1 & X_1 < X; X > X_2 \\ 0.9(X - X_1)/(X_3 - X_1) + 0.1 & X_1 \leqslant X \leqslant X_3 \\ 1.0 & X_3 < X \leqslant X_4 \\ 1.0 - 0.9(X - X_4)/(X_2 - X_4) & X_4 < X < X_2 \end{cases} \quad (3-1)$$

表 3-2　气候适宜性评价的指标选取、函数拐点及权重(符勇等，2014b)

气候指标	下限(X_1)	最优值下限(X_3)	最优值上限(X_4)	上限(X_2)	权重
大田期≥10℃积温/(℃)	1600	2500	3300	4200	0.131
大田期日照时数/h	500	600	700	800	0.176
大田期相对湿度/%	60	70	80	90	0.119
旺长期平均温度/℃	10	20	28	35	0.127
旺长期降雨量/mm	50	100	200	400	0.147

表 3-3　2013 年研究区气象数据表

月份	平均温度/℃	最高温度/℃	最低温度/℃	雨量/mm	相对湿度/%	日照时数/h
1	4.1	19.3	−5.0	9.6	85	96.0
2	8.5	25.7	−0.7	23.4	86	103.0
3	14.0	27.1	2.1	41.2	76	223.0
4	14.8	31.3	4.8	66.4	82	196.0
5	18.5	32.2	9.2	187.8	83	213.0
6	22.2	32.3	11.8	157.8	80	294.0
7	24.0	32.4	18.5	10.8	77	289.0
8	22.7	32.7	16.2	157.4	81	260.0
9	18.9	29.8	8.4	53.6	84	204.0
10	14.0	28.4	4.3	56.6	85	147.0
11	11.3	24.4	2.1	47.0	88	119.0
12	4.4	17.9	−4.0	20.8	85	98.0

3. 指标权重的确定

在烟草生态适宜性评价中，各参评因素因对适宜性的贡献大小不同而具有不同的相对重要性，这就需要采用合适的方法来确定其相应的权重。确定权重的方法很多，常见的有专家征询法、主成分分析法、层次分析法、相关分析法、灰色关联分析法等。本书采用层次分析法（analytic hierarchy process，AHP）确定各参评因素的权重。AHP 法先以各因素相对重要性的定性分析为基础，然后把专家的经验数量化，进而定量确定各因素的权重。该法在很多领域得到广泛的应用，并取得了明显的成效。

层次分析法是将与决策总是有关的元素分解成目标、准则、方案等层次，在此基础之上进行定性和定量分析的决策方法。首先，层次分析法把研究对象作为一个系统，按照分解、比较判断、综合的思维方式进行决策，成为继机理分析、统计分析之后发展起来的系统分析的重要工具。系统的思想在于不割断各个因素对结果的影响，而层次分析法中每一层的权重设置最后都会直接或间接影响到结果，而且在每个层次中的每个因素对结果的影响程度都是量化的，非常清晰、明确。这种方法尤其可用于对无结构特性的系统评价以及多目标、多准则、多时期等的系统评价。其次，这种方法既不单纯追求高深数学，又不片面地注重行为、逻辑、推理，而是把定性方法与定量方法有机地结合起来，使复杂的系统分解，将人们的思维过程数学化、系统化，便于人们接受，且能把多目标、多准则又难以全部量化处理的决策问题化为多层次单目标问题，通过两两比较确定同一层次元素相对上一层次元素的数量关系后，最后进行简单的数学运算。即使是具有中等文化程度的人也可了解层次分析的基本原理和掌握它的基本步骤，计算也非常简便，并且所得结果简单明确，容易为决策者了解和掌握。最后，层次分析法主要是从评价者对评价问题的本质、要素的理解出发，比一般的定量方法更讲求定性的分析和判断。由于层次分析法是一种模拟人们决策过程的思维方式的一种方法，把判断各要素的相对重要性的步骤留给了大脑，只保留人脑对要素的印象，化为简单的权重进行计算。这种思想能处理许多用传统的最优化技术无法着手的实际问题。

应用 AHP 法分析决策问题时，首先要把问题条理化、层次化，构造出一个有层次的结构模型。这些层次可以分为 3 类：①目标层，这一层次中只有一个元素，一般它是分析问题的预定目标或理想结果，本书把烟草生态适宜性作为目标层；②中间层，这一层次包括了为实现目标所涉及的中间环节，它可以由一个或多个层次组成，本书的准则层为影响烟草生长的两个生态因素——气候条件和土壤条件；③指标层，这一层次包括了为实现目标可供选择的各种措施、决策方案等，本书把生态因素中包含的影响烟草生长的生态因子作为指标层。

影响烟草生长的环境因素很多，主要是光照、温度、水分、土壤及矿物质营养。以土壤条件而言，土壤 pH 值为 5.5～6.5 烟草生长最为良好，土壤速效氯含量一般较低，速效钾含量较高，有利于烟叶生长和烟叶良好品质的形成。化学性质指标主要有 pH 值、有机质和有效 N、P、K 及一些有益元素（符勇等，2014b）。烤烟为喜温作物，在无霜期少于 120d 或稳定通过 10℃的活动积温＜2600℃的区域难以完成正常生长发育过程。烤烟大田生长最适宜的温度为 28℃，低于 17℃生长缓慢，高于 35℃干物质消耗大于积累，烟碱含量增高。烤烟大田期一般为 5～8 月，一般认为月降雨量为 100～130mm 就基本够用。空气相对湿度的变化对烤烟的生产影响也很大。过低，将产生较强的蒸腾作用造成水分失调，烟叶枯萎；过高，大量氮素被淋溶，烟叶化学成分比例失调。烤烟既是喜温植物，又是喜光植物，在大田期，充足而不强烈的日光对烟叶品质的形成有利。

通过对烟草生长的土壤条件和气候条件的分析构建层次结构模型，将所选取的指标因子按照备选方案，目标层、中间层、指标层 3 个层次建立关系，以烟草种植适宜评价作为目标层，以土壤肥力指标、气候因子指标为中间层，评判所选择的指标作为指标层，构成了烟草估产评价的层次结构模型。具体结构如下：目标层 C1 是烟草种植适宜评价；中间层分别是 C21 土壤肥力指标、C22 气候指标；指标层是 C211pH 值、C212 有机质含量、C213 土壤全氮、C214 土壤有效磷、C215 土壤碱解氮、C216 土壤钾含量、C217 土壤的水溶性氯、C221 大田期≥10℃积温、C222 大田期日照时数、C223 大田期相对湿度、C224 旺长期平均温度、C225 旺长期降雨量。

层次结构模型建立后按照土壤、气候对烟草种植的相互影响和作用，将评价指标分为目标层、中间层和指标层 3 个层次。烟草种植适宜性作为目标层（层次 1），中间层（层次 2）中包括影响烟草生长的气候、土壤条件，指标层（层次 3）中选择 12 项指标作为评价因子。所采取的层次比重是依据中国烟草种植区划给出的烟草生态适宜性评价指标体系以及清镇市烟草公司提供的检测数据，结合实际情况经专家评判后得出结果（表 3-4）。

表 3-4　烟草评价因子层次分析结果

层次 1（目标层）	层次 2（中间层）	在层次 1 所占比重	层次 3（指标层）	在层次 2 所占比重	权重系数
烟草种植适宜评价 C1	土壤肥力状况 C21	0.3	pH 值 C211	0.14	0.042
			有机质含量 C212	0.19	0.057
			土壤全氮 C213	0.11	0.033
			土壤有效磷 C214	0.10	0.030
			土壤碱解氮 C215	0.05	0.015
			土壤钾含量 C216	0.11	0.033
			土壤的水溶性氯 C217	0.30	0.096
	气候适宜性条件 C22	0.7	大田期≥10℃积温 C221	0.33	0.131
			大因期日照时数 C222	0.28	0.176
			大田期相对湿度 C223	0.17	0.119
			旺长期平均温度 C224	0.11	0.127
			旺长期降雨量 C225	0.11	0.147

4. 烟草种植适宜性的计算

采用隶属函数的数学模型和指数和法来分析贵州高原山区烟草种植的适宜性。这种方法是根据模糊数学的原理,利用隶属函数进行综合评估。一般步骤为:首先利用隶属函数给定各项指标在[0,1]内相应的数值,称为"单因素隶属度",对各指标作出单项评估;然后对各单因素隶属度进行加权算术平均,计算综合隶属度,得出综合评估的指标值。其结果越接近 0 越差,越接近 1 越好。

$$S = \sum_{i=1}^{n}(N_i \cdot W_i) \qquad (3-2)$$

式中,为 S 适宜性;N_i 和 W_i 分别为第 i 个($i=1,2,\cdots,n$)气候指标的隶属度值和权重系数,$n=12$。

按照以上评价指标与专家给定的指标分配原则,将土壤适宜性评价和气候适宜性评价结果叠加后,结合烟叶品质状况,按不同等级适宜性赋值,赋值越高表示各个因子对烟草生长的适宜性越强(符勇等,2014b),具体指标如下:不适宜 $S<0.25$,次适宜 $0.25 \leqslant S<0.55$,适宜 $0.5 \leqslant S<0.85$,最适宜 $S \geqslant 0.85$。

本书将模糊综合评判和隶属函数应用于烟草生态适宜性评价(符勇等,2014a):①充分利用了适宜性评价中的模糊性特点,将模糊数学应用于烟草的生态适宜性评价;②通过建立隶属函数,对指标进行量化,把过去"多对一"的划段分级变为"一对一"的模糊分级,具有更高的精确性;③综合考虑了气候、地形和土壤因素对烟草生长影响的复杂关系,采用多个指标和大量数据进行综合评判,避免了某些方法的片面性或主观性造成信息丢失,提高了综合评判的准确性。

　　模糊综合评判法是一种常见的土地评价方法,广泛应用于农用地质量评价、水环境质量评价、经济作物用地适宜性评价等,在烟草品质评价也有应用,而在烟草生态适宜性评价并不多见。此方法中,隶属函数的构建是关键,也是较难控制的,需要在大量试验研究及文献参考的基础上,选择各因素适用的隶属函数类型,并结合当地烟草生长的实际情况和资料分析结果确定隶属函数的拐点。此外,本书利用 GIS 技术,将庞杂的气候、地形、土壤等基础信息按照一定的标准和方法,以空间和属性数据相结合的形式组织起来,服务于烟草的生态适宜性评价,并应用于种植区划,使烟草种植区划研究由过去经验性的、区域性的和对当地种烟习惯的宏观综合,推进到定量评价、定位评价与区域划分相结合的生态适宜性评价研究上来,在烟草生产组织研究领域具有创新性。

3.4　贵州喀斯特山区烟草种植情况与研究区选择

3.4.1　贵州高原山区烟草种植背景

　　贵州是我国主要烤烟产区之一,依据中国烟草种植区划单性本对烟草种植区的划分,贵州高原烟草种植以黔中高原山区发展烟叶生产最为典型,黔中高原山地烟草种植区的范围包括贵州省贵阳市、安顺市和遵义市、黔南州全部,铜仁市和毕节市部分县,共计42 个县(市、区)。

　　贵州高原山区北部属黔北高原中山峡谷区,中部为黔中高原区,地势较平,海拔高于北部,土层较厚,耕地集中。黔南高原中低山峡谷区海拔略低于中部高原区。该区气候春季气温较低且回暖时间晚,秋季气温下降速度快且时间较早,夏季气候温和、酷暑天气极少。贵州高原山区从 20 世纪 30 年代开展烤烟种植,至今已有近 80 年的植烟历史。该区生产的烤烟烟叶颜色金黄、弹性强、叶片大小、厚薄适中,燃烧性好。20 世纪 70 年代后,由于自然条件良好,种植条件改善,烤烟质量较好,烟叶生产水平加快发展,贵州高原山已发展成为全国主要的烤烟生产区。烤烟常年种植面积约10 万 m^2 左右,年产烟叶 18 万 t 左右。烤烟每年 4 月下旬至 5 月中旬移栽,主要栽培 K326、南江三号、云烟 87 和云烟 85 等品种。该区生产的烤烟颜色金黄-深黄,外观质量和物理特性较好,唯含梗率较高,化学成分较协调,烟叶烟碱含量稍偏高。烟叶香气呈中间香型特征,香气质好、香气量足、烟气细腻,杂气一般较轻,余味较好,是主要的主料烟叶之一。部分产区烟叶烟碱含量偏高,烟叶劲头偏大。该区烟叶生产发展的方向应是稳定烟叶种植面积,调整烟叶生产布局,提高烟叶质量。在现有烟叶生产情况下,稳定老烟区,在生态条件适宜地区适当发展新烟区,在烟粮矛盾突出的地区,着重提高烟叶质量和种烟效益。烟叶生产中建立合理的以烟为主耕作制度,维持烟叶-土壤生态系统协调和优质烟叶的可持续供应;形成烟叶生产技术规范,控制烟碱含量,稳定烟叶质量。

　　由图 3-6 可以清晰地看出,贵州烤烟产量较多的地区集中于黔中高原山地区,该地区有利于烟草种植与烟草产业的发展。

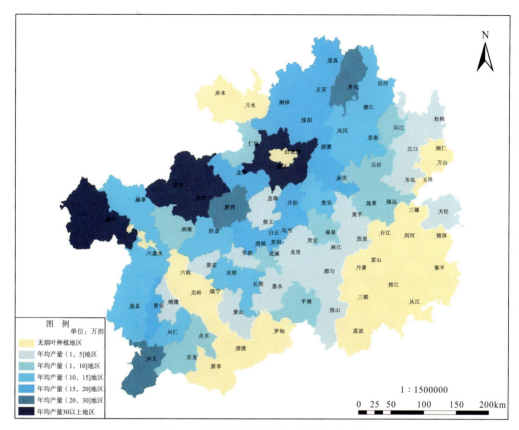

图 3-6　贵州烤烟产量与分布图（2009 年）

3.4.2　高原山区烟草主要种植区域介绍

1. 贵阳市烟草发展现状

优越的自然气候条件，贵阳烟草具有典型的贵州高原山区烟叶风格特色。长久以来，贵阳烟草生产稳步前进，特色烤烟生产技术不断创新、基地建设成效显著。烟叶生产部制定了"八个配套"的建设目标，即烟水、烟路、烟肥、烟技、烟机、烟房、烟煤、烟校等八个配套标准，形成了烟叶生产基础设施建设目标体系。2005 年，开阳县潘桐村示范基地共修建小水窖 120 个、水塘 3 个、沟渠 9500m。烟路配套工程，共修建机耕道3000m、烟田便民道 2000m。2006 年，开阳全县新建机耕道 8000m、烟田便民道10000m。在烟技配套工程方面，为提高烟叶质量，开阳开发了乌江流域富硒地区特色烤烟生产技术，同时还注重烟技员的合理配备以及对烟技员和烟农的技术培训。在烟机配套工程方面，减轻烟农劳动强度，开阳因地制宜地推广小型农机具。2006 年，部分烟叶替代进口示范项目区购置农用器械 22 台，并由县农业局提供 9 台农用拖拉机，为基地提供耕作服务。种植面积为 10~50 亩的有 4000 余户，50~100 亩的有 47 户，100 亩以上的烟农有 30 户。种烟大户自主经营，独立核算，烟草公司给予他们政策上的倾斜，使农户在烟草种植中获得显著的经济效益，种植规模保持平稳发展。

清镇市有着悠久的种烟历史。至 2010 年，全市烟草种植面积已发展到 46973 亩，主要产烟乡镇为流长苗族乡、卫城镇、新店镇、王庄布依族苗族乡、犁倭镇、暗流镇、麦格苗族布依族乡、红枫湖镇、百花社区等 9 个乡镇、107 个种烟村、363 个种烟组、2519 户烟农，种植规模 38869 亩，户均种植面积 15.43 亩。计划收购烟叶 10.5 万担，平均每个村烟叶产量 841 担。其中种植面积在 1 万亩以上的乡(镇)1 个，种植面积在 5000～10000 亩的乡(镇)1 个，种植面积在 3000～5000 亩的乡(镇)2 个，3000 亩以下乡(镇)5 个。随着科学技术的发展，基础设施不断完善，烟叶生产技术不断完善，烟叶整体生产水平不断提高，为区域烟叶规模化种植和专业化生产奠定了基础。

2. 安顺市烟草发展现状

安顺烟草系统打出"网络精品牌"和"烟叶特色牌"，全市"两烟"销售形势喜人，生产经营行为日趋规范，经济运行质量明显提升，安顺市 33 个乡镇种植烤烟 9.338 万亩，收购烟叶 20.2 万担，实现烟农收入 1.47 亿元，烟农人均收入超过 2000 元，实现烟叶税 3000 多万元，烟水配套工程解决了人饮水 7343 人、畜饮水 21015 头，受益面积 18.2 万亩。安顺市西秀区被列为全省现代烟草农业试点县(区)，在一年多的探索实践中，总结了很多经验，突显了很多亮点，特别是引入专业化机耕队伍、散叶烘烤收购等模式的创新，为全市推广率先走出了一条可行之路。目前，紫云苗族布依族自治县被列为西部特色优质烟叶开发的单元县，对该市烟叶爬坡上坎和抢占市场都具有至关重要的意义，要抓住契机，着力从生产布局调整、规模化种植、标准化生产等方面，加大工作力度、提高科技含量、突出技术创新，要加强领导，搞好协调，打好"紫云牌"。

3. 遵义市烟草发展现状

2010 年遵义全市烟草移栽面积 69 万亩。全市烟水工程总计划 123 万亩，已完成 122.76 万亩，完成计划率 99.8%；2008 年实施的 145 个烟水工程项目顺利通过省公司验收；2009 年全市烟水工程批复实施项目 197 个，已开工建设 132 个，整体进度处于全省前列。遵义县龙坪镇整镇推进，余庆县松烟镇友仪村、绥阳县蒲场镇高坊子村整村推进，试点范围进一步扩大；全市高标准规划新建 23 个烟叶工场，为下一步现代烟草农业整县推进工作奠定了基础；坚持整体推进的基地建设新模式，凤冈、余庆两县分别与上海烟草集团、湖南中烟合作建设资源配置改革基地单元，遵义县被确定为"专业化分级、烘烤工场收购"试点，湄潭县成为上海烟草集团 5 万担单元全收全调试点。遵义市 2010 年烟叶收购量 187.54 万担，因丰产因素超合同收购代保管烟叶 10.57 万担，收购担均价达 733.59 元，上等烟占 44.4%，中等烟占 46.6%，下等烟占 9%；收购总值 14.32 亿元，实现财政税收近 3 亿元，烟农亩均收入 2070.31 元，户均收入 5179 元。

4. 黔南布依族苗族自治州烟草发展现状

贵州省烤烟于 1939 年在黔南布依族苗族自治州贵定县试种成功。60 余年间，黔南州的烤烟种植从最先的贵定、瓮安、福泉、龙里 4 县市发展到全州 9 个县市。每年完成级内烟叶收购计划，烤烟生产整体质量显著提高，在计划内收购的烟叶中，上中等烟叶比例占到 90.4%，实现了农民增收、企业增效、财政增税的"三赢"局面。烟叶烘烤设施建设是整个烟叶生产基础设施建设项目的重要组成部分。根据国家局有关精神，力争用 3 年时间使全国主要产烟区和有发展潜力的新产烟区烘烤设施基本配套,通过 3~5 年的努力使全国 50% 以上的烟叶种植面积使用密集烤房烘烤,使 80% 以上的烟叶种植面积实现集约化烘烤。长期以来,由于受经济、技术条件的限制,黔南州实际生产中使用的烤房存在容量紧张、标准化、智能化程度普遍偏低等问题,将烟叶烤坏的情况时有发生。结合国家局的要求,本着"因地制宜,统一规划,分期实施,规范运作,确保效益"的原则,建设标准化烤房、密集式烤房已被提上黔南烟草的重要议事日程。黔南州已推广使用智能化烘烤设备 373 套,墙体排湿烤房 892 间,为全面改善烟叶烘烤设施奠定了坚实的基础。

5. 铜仁市烟草发展现状

铜仁市烟草系统采取各项有效措施,扎实抓好企业管理,推进企业发展,保持了铜仁烟草平稳较快的发展势头。全市烟草行业累计实现主营业务收入 197817 万元,同比增加 16930 万元,增长 9.36%,实现税利 48234 万元,同比增加 13201 万元,增长 37.65%。2010 年是全区大开发、大建设、大发展的一年。铜仁烟草局抓住机遇,结合实际,快速推进铜仁烟草的发展。不断夯实各项基础,增强发展后劲,推动了烟叶生产从传统农业向现代农业转变、卷烟营销从传统商业向现代流通转变、企业管理从传统管理向现代管理转变、结构调整和发展方式的转变。通过不断努力,铜仁烟草实现平稳较快发展。

2011 年贵州铜仁市烟草部门抓住国家烟草专卖局提出在全国烟区开展烟叶生产基础设施建设的有利时机,制定了烟田基础设施建设的五年规划。以"渠相连、路相通、旱能灌、涝能排"为标准,大力推进农田水利设施、田间机耕路建设。2011 年,全市计划实施机耕道路建设项目 76 个,道路里程 200.13km,烟草行业计划补贴 2700 万元。同时,全区围绕"高标准建设 3 个、完善 1 个现代烟草农业基地单元"的目标,积极开展了德江煎茶、沿河黄土、思南许家坝和张家寒 4 个基地单元建设(其中,国家局基地单元 2 个,省级基地单元 2 个),计划收购烟叶 18.2 万担,占全区计划的 31%。截至 2011 年 8 月,基地单元烟水工程已覆盖面积 12.44 万亩,占单元总面积的 61.7%;累计建设卧试烤房 3274 座,密集烘烤率达 100%;修建机耕路建设 50.36km;建设育苗工场 2 个、可供苗 1.37 万亩;配套农机具 2938 台(套),并配备了防灾减灾设施。

6. 毕节市烟草发展现状

国家局现代烟草农业整县推进示范县——黔西县现代烟草农业建设全部实现单元实施,全县 5 个基地单元,分别服务上海烟草(集团)公司、浙江中烟工业公司、湖南中烟工业公司、湖北中烟工业公司、广东中烟工业公司,并实现了与卷烟品牌的对接。该县现代烟草农业建设在基础设施配套建设、标准管理体系建设、生产组织模式、专业化服务体系建设、基地单元信息化建设、散叶收购试点方面取得了新的突破,为贵州省 2010 年烟叶收购暨现代烟草农业建设现场会提供了一流的参观现场。另外 5 个基地单元分别在大方、毕节、威宁县实施。全区规划基地单元 37 个,与 14 家卷烟企业对接。全面推广上部叶 4~6 片一次成熟采烤技术措施,将灾害损失降到最低限度。全区收购烟叶 195.05 万担,烟农收入 14.07 亿元,实现烟叶税 2.97 亿元。销售卷烟 18.84 万箱,实现销售收入 23.11 亿元,单箱均价 12267 元,卷烟销售毛利 5.83 亿元。2010 年共完成烟水工程投资 4.63 亿元,受益面积 24.69 万亩;建成机耕路 53 条、51.8km,受益面积 42.6

万亩；建设密集烤房 3634 座，满足 7.2 万亩烟叶集约化烘烤的需要；建设育苗设施 34.55km²，满足 17 万亩烟田育苗需要；购置农机具 2015 台套，总功率 14890 千瓦，受益面积 17 万亩。紧紧围绕"卷烟上水平"的基本方针和战略目标，坚持创新发展，构建了"覆盖城乡、精准营销、真诚服务、提升价值"的卷烟营销网建模式，电子商务、服务品牌、营销团队建设、现代物流管理体系建设整体推进，全面完成了卷烟销售任务。

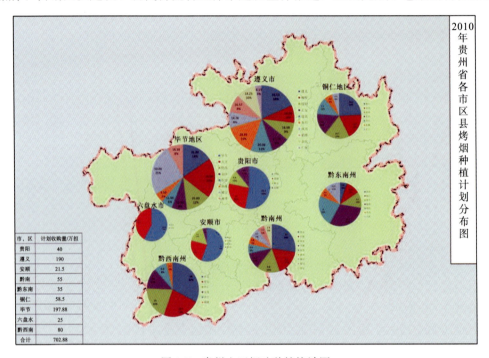

图 3-7 贵州山区烟叶种植统计图

由图 3-7 可以看出，黔中高原山地是贵州烟草的主要产区，支撑了整个贵州高原烟草产业的发展。

3.4.3 遥感监测与估产在烟草种植方面的作用

对烟草种植面积与产量进行适时、准确的监测预报，有利于决策部门及时制定栽培管理措施或调整植烟政策，引导农民获取较好的经济效益。通过卫星遥感影像可获取烟草某一生长阶段的瞬时长势信息，但只通过该阶段的长势信息预测成熟期产量时会出现很大偏差，因为在预测时段内气候环境条件(温度、土壤肥力状况等)在不断地变化，对烟草产量的预测有严重的影响。为此，采用将遥感信息和烟草生理生态过程相结合的方式，有利于提高烟草估产的准确度。

合成孔径雷达系统诞生以来，在农业领域的应用得到了长足发展。雷达遥感技术为农业应用提供了与光学传感器完全不同的信息，可以较准确地反映作物的几何结构、含水量、冠层粗糙度、冠层与土壤结构特征的散射信息等。合成孔径雷达系统全天候、全天时的成像能力，保证了农业应用对高重复覆盖率及特定时相遥感数据源的获取；对于农作物类型识别、种植面积计算、土壤条件和土地利用调查、农业灾害损失评估、耕作活动与状态及土壤含水量探测等具有现实意义；对于作物生长的信息为作物遥感估产，特别是多云多雨地区的农作物估产提供了信息源保障和全天时全天候的观测手段。

依据烟草估产建模设计的技术路线，利用研究区的植株生长生理参数、气象资料、遥感数据信息建立模型。基于遥感影像信息获取的某一时间段内较大范围作物长势情况，提取出烟草的种植面积；再结合烟草生长过程及其产量与气候环境条件和土壤养分条件关系，建立基于遥感监测的烟草估产理论模型。利用烟草长势较为旺盛的团棵期与旺长期的遥感影像，监测烟草长势状况可对估产模型计算进行修正，在产量确定上具通用性和良好的解释性。

烟草定量监测是指在烟草生长期间通过实地 GPS 点对点验证与测量对烟草的上涨状况、植株状况及其气候变化对其生长阶段的影像的宏观监测，再利用多光谱卫星遥感影像数据，可获取烟草植株生长发育的动态变化特征，烟草每个生长阶段长势的变化对估产产生影响。因此，实时烟草定量监测不仅为农业生产的宏观管理提供客观依据，可以适时准确大范围的监测，确定烟草种植面积，而且为烟草估产提供数据支撑。

1. 遥感测算烟草种植面积

在遥感监测与估产中，测算烟草种植面积是关键问题之一，是由单产估算总产的必要参量，面积的确定与调控可以有效地控制产量，因而面积的准确程度对烟草决策部门的宏观调控与产量管理具有重要意义。传统的监督分类方法一般采用的是 K-T 变换或混合像元分解方法。为保证遥感监督分类的准确性，采用传统方法的同时可以采用几种新方法对监督分类的准确性进行校正。①在地理信息系统(GIS)支持下，在对研究区影像进行分类和野外 GPS 调查基础上，以贵州省烟草总种植面积历年的统计数据作为判定指标，同时在研究区建立野外 GPS 调查样方，以现有的贵州高原山区的并且所覆盖区域有种植烟草的卫星遥感影像进行高精度监督分类，并以县为单位统计，最后利用外推模型得出烟草面积的变化。②不同的地物对卫星遥感影像图中的农作物面积提取精度产生影响。因此应用抽样理论和全球定位系统(GPS)，首先建立样方并在样方内进行样本量测，然后统计出研究区具有代表性的农作物的占整个耕地面积的比例，最后对非监测的样本地物进行扣除，进而在处理遥感影像时提供准确的参照依据。③双重抽样的方法，即先在底层对样本中的小地物抽样，用小地物样本平均值去估计其总体，最后求取小地物在作物中的比例，进而修正作物面积遥感监督分类结果。主动式的合成孔径雷达遥感(SAR)成像技术具有全天候、全天时、高空间分辨率和高灵敏度的成像能力，能提供可见光和红外遥感不能提供的某些信息，为用遥感技术进行烟草种植面积的调查研究提供了强有力的工具。

2. 作物产量的估测

植物的单产与植株的叶面积指数、生物量、干叶重、鲜叶重间存在着相关关系。而卫星遥感数据具有更高度的概括性，卫星获取的光谱植被指数反映了作物体叶绿素和形体的变化，可以监测作物的长势情况是否正常，因此，应用从卫星遥感数据获取植被长势信息为农作物的估产量提供了参考依据。分析遥感监测、烟草长势监测和模拟估产方法的基础上，提出了利用遥感与农业气象数值模拟、土壤肥力数值模拟技术相结合的办法来进行作物估产研究的新思路，但是遥感技术必须辅以其他的数据(如农业气象数值评价模型以及土壤肥力评价模型)才能更好地提高遥感估产精度。测定 LAI，建立烟田烟草的叶面积指数的高光谱遥估算模型，在 GIS 支持下，将数字高程数据、土地利用分类数据与 GPS 定位观测数据相结合，对 SAR 数据进行判读，将该指数与 GPS 定位观测资料及 GIS 数据进行监督分类，对烟草长势进行实时监测。在此基础上提出烟草遥感估产经验模型和回归模型，以此估测研究区的烟草总产，达到了较高的精度。同时结合线性回归方法、层次分析法与模糊数学法来确定影响烟草生长因子的权重的新方法，估产结果精度会更高。

3.4.4 基地单元选择与烟叶种植

研究选择贵州清镇流长现代烟草农业基地单元，地理位置为 $106°7'6''\sim106°29'37''E$，$26°24'5''\sim26°45'45''N$，下辖流长、犁倭、红枫湖 3 个乡(镇)，流长乡、犁倭乡为烟草主产区。选择该基地单元流长乡马场片区内的茶山、马场、羊坝、马连村为核心研究区，面积为 $20.8km^2$。基地单元地层主要以三叠系下统茅草铺组为主，灰岩、白云岩大面积出露，属于典型喀斯特丘原盆地生态环境，受乌江支流三岔河切割影响，导致地貌形态以峰丛洼地、谷地为主。属亚热带高原季风湿润气候，年平均气温 14.1℃，年相对湿度 77%，年平均降水量 1305.7mm，年平均日照时数 1241.2h。2006 年以来，烟草行业在流长乡、犁倭乡等主产烟区投入大量资金进行现代烟草农业基地单元工程建设，主要包含基本烟田土地整理、育苗大棚建设、烟水配套工程建设、机耕道建设等工程措施，也包括育苗、种植、采收、烘烤、收购等烟草生产产业化流程(王瑾等，2015)；修建烟水配套系统工程 27 个，烟农自建水池 1445 口，覆盖烟田面积 61791 亩。在用大型密集烤房群 58 群、638 座，带收购功能烘烤工场 1 处、50 座，共计 688 座密集烤房等一系列配套设备(符勇，2015a)。

烟草基地单元也叫品牌导向型基地单元，基地单元建设能从本质上改变过去"烟区种什么，工业企业就买什么"的现象，真正为市场服务，为卷烟工业企业服务，由工业企业提出自己的品种、香型、种植方式、烘烤过程等需求，烟叶产区进行配合，最终生产出卷烟工业最满意的烟叶原料。贵州清镇流长国家现代烟草农业基地单元辖流长、犁倭、红枫湖等 3 个乡(镇)，宜烟土地 81420 亩；土壤以黄沙壤、黄壤为主；pH 值 5.5~6.5，呈微酸性；有机质含量丰富。气候属亚热带季风湿润气候，年平均气温 14℃，无霜期 275 天，年平均降水量 1150.4mm，年日照时数 1433h。土壤条件和气候条件均有利于烤烟生产。主产烟区集中在流长乡、犁倭乡，面积占基地单元的 90.26%。2010 年落实种植计划 16907 亩，收购烟叶 4.57 万担。通过现代烟草农业建设基地单元规划实施后，实现常年种植烤烟 1.66 万亩，户均种植面积近 34 亩。清镇烟草行业自 2005 年以来在主产烟区投入大量资金进行烟水配套工程、普改密烤房、大型密集烤房、机耕路等基础设施项目的建设，发挥了较好效益，为现代烟草农业建设打下了坚实的基础。

(1)基本烟田。全市 2006 年规划建设基本烟田保护区 7 万亩，2010 年通过对烟区布局调整，规划基本烟田 10 万亩。

(2)烟水工程。修建烟水配套系统工程 27 个，烟农自建水池 1445 口，覆盖烟田面积 61791 亩。其中：系统工程水池 183 口、容积 $105106m^3$、山塘 2 个、容积 $1955m^3$，提灌站 2 个，管网 578005m，覆盖烟田面积 55485 亩；自建小水池 1445 口、容积 $63093.48m^3$，覆盖面积 6306 亩；烟草行业投资 6236.642 万元。目前，各烟区已建烟水工程运行较好，特别在 2010 年的百年不遇大旱之年，发挥了重要的作用。

(3)机耕道。建设 15km，覆盖基本烟田 0.75 万亩，解决了部分烟区交通困难。

（4）密集烤房。在用大型密集烤房群 58 群、638 座，带收购功能烘烤工场 1 处、50 座，共计 688 座密集烤房，承载烘烤面积 17200 亩，烟草行业投资 3391 万元。建有"普改密"烤房 1736 座，烟草行业投资 810.9 万元。

（5）烟用农机具。农机配置 6 台起垄机（功率 108 千瓦），小型旋耕机 12 台（功率 108 千瓦）、中型耕地机 1 台（功率 50 千瓦），农机动力保有量为 266 千瓦，服务面积 2200 亩。烟草行业投资 19.86 万元。

（6）防灾减灾系统。防雹减灾点 11 个，配置流动防雹车 1 辆。基本覆盖烤烟种植区域，并起到良好的效果，近三年来基本未发生雹灾。

基地单元所辖流长乡、犁倭乡种烟历史悠久，于 1937 年开始种植烤烟，是清镇市主产烟区。特别是近 5 年来，随着行业投入加大，烤烟种植规模逐年递增，效益明显提高。保持了烟叶生产平稳发展。种植面积从 2006 年的 11198 亩增加到 2010 年的 16907 亩，2006 年收购烤烟 2.890132 万担，产值 1285.65 万元，担均价 444.84 元，烟农户均收入 10359.79 元。到 2009 年，收购烤烟 3.75 万担，产值 2749.96 万元，担均价 733.5 元，烟农户均收入达到 19755.45 元。2006～2009 年烟农种烟总收入达 8552.76 万元，地方财政烟叶税收达 1796 万元。

所产烟叶具有较强的区域风格，种植的主要品种有云烟 87、云烟 85、K326、南江三号等。随着基础设施建设的改善，烟叶生产技术体系日趋完善，烟叶产质稳步提升，整体生产水平不断提高。初步显现了烟叶规模化种植效益和专业化生产雏形，为烟叶生产的可持续发展奠定了基础。

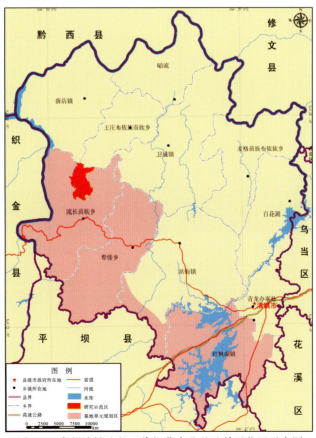

图 3-8　贵州清镇流长现代烟草农业基地单元位置示意图

第4章 微波遥感在烟草种植监测中的应用

4.1 研究区基础数据与生态环境 SAR 调查

4.1.1 研究区遥感数据处理

研究以 Radarsat-2 全极化数据为遥感调查与监测数据源，建立了一套适合于喀斯特山区的 SAR 数据处理流程。首先，综合考虑时相、极化方式、空间分辨率等遥感影像因子选择了研究区范围 Radarsat-2 的 1 景数据(图 4-1)，主要参数如表 4-1 所示。

表 4-1 研究区 Radarsat-2 影像参数

序号	模式	极化方式	入射角	处理级别	接收时间	分辨率空间
1	FQ11	全极化	30.42°	SLC	2014-08-16	8m

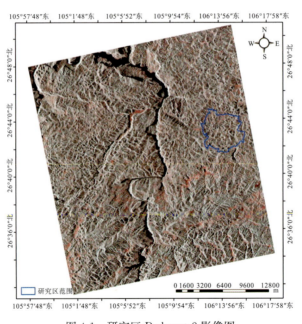

图 4-1 研究区 Radarsat-2 影像图

运用 ENVI、PloSARpro、Erdas 等遥感数据处理平台，形成一套适用于中国南方喀斯特山地的元数据预处理过程：多视处理、相干矩阵提取、滤波、特征参数提取、几何校正。

4.1.2 研究区坡度信息提取

选择研究区内 1∶1 万地形图为数据源，矢量化后内插建立高质量、高精度的 TIN

图和数字高程模型(图 4-2)。

在建立的 DEM(数字高程模型)的基础上，利用 ArcGIS 的 3D Analyse 模块中的坡度功能对 DEM 进行栅格表面提取，生成研究区坡度图(图 4-3)。

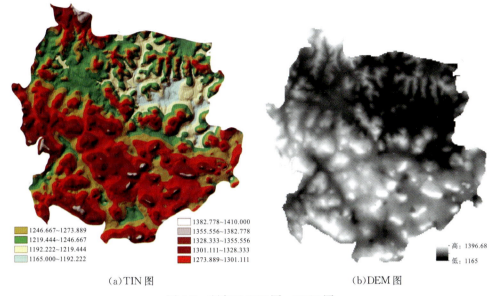

■ 1246.667~1273.889	□ 1382.778~1410.000
■ 1219.444~1246.667	□ 1355.556~1382.778
□ 1192.222~1219.444	■ 1328.333~1355.556
□ 1165.000~1192.222	■ 1301.111~1328.333
	■ 1273.889~1301.111

高：1396.68
低：1165

(a)TIN 图   (b)DEM 图

图 4-2 研究区 TIN 图、DEM 图

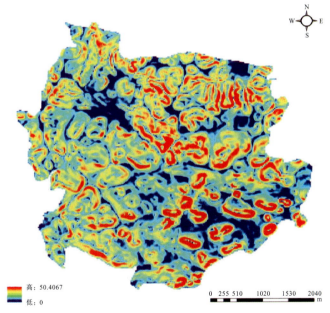

高：50.4067
低：0

0 255 510   1020   1530   2040
m

图 4-3 研究区坡度图

4.1.3 研究区植被覆盖度信息提取

1. 像元二分模型

遥感影像上的每个栅格像元都反映地物的混合信息，根据像元二分模型的基本原理

（龙晓闽，2010），假设每个像元都可以由单纯的植被和土壤两个部分组成，通过传感器所观测的像元信息 S，可表示为由土壤贡献信息 S_s 和由植被贡献 S_v 两部分，即

$$S = S_s + S_v \tag{4-1}$$

混合像元的光谱信息为两种纯组分以面积比例加权的线性组合，其中，像元中植被覆盖面积比例为该像元的植被覆盖度 f_v，土壤覆盖度的面积比例为 $1-f_v$。假设由单纯植被覆盖像元的遥感信息为 S_{veg}，而单纯土壤覆盖像元的遥感信息为 S_{soil}。混合像元的植被、土壤成分所贡献的信息 S_v、S_s 可以分别表示为

$$S_v = f_v \times S_{veg} \tag{4-2}$$

$$S_s = (1 - f_v) \times S_{soil} \tag{4-3}$$

将公式(4-2)与(4-3)式分别带入公式(4-1)，可以得到目标地物的像元信息 S。

$$S = f_v \times S_{veg} + (1 - f_v) \times S_{soil} \tag{4-4}$$

对式(4-4)进行变换，可得到植被盖度计算公式为

$$f_v = (S - S_{soil})/(S_{veg} - S_{soil}) \tag{4-5}$$

2. 提取植被覆盖度

基于上述混合像元的像元二分模型，将 RVI 代入上式，则植被覆盖度可表示为

$$f_v = (RVI - RVI_s)/(RVI_v - RVI_s) \tag{4-6}$$

像元中有植被覆盖的面积比例为 f，非植被覆盖的面积比例为 $(1-f)$，像元的 RVI 可以表达为：

$$RVI = (1 - f)\,RVI_{soil} + f\,RVI_{veg} \tag{4-7}$$

最大植被覆盖度 f_{vmax} 可以近似取 1，最小植被覆盖度 f_{vmin} 可以近似取 0，可得 $RVI_v = RVI_{max}$ 和 $RVI_s = RVI_{min}$。实际上由于地表湿度、粗糙度、土壤类型、土壤颜色等条件的不同，RVI 会随着空间变化，而由于植被类型不同以及植被覆盖的季节变化等因素（龙晓闽，2010），RVI_v 也会随着时间与空间发生变化，需根据研究区具体情况选取 RVI_s，RVI_v。当具有实测数据时，取实测数据中最大、小值，并在影像上找到极值所对应的 RVI，作为 RVI_v 和 RVI_s。研究区 RVI 分布图如图 4-4 所示。

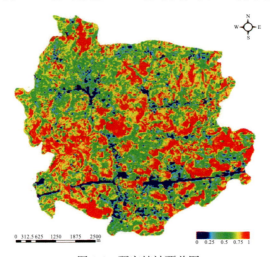

图 4-4　研究植被覆盖图

$$f_{\mathrm{v}} = (RVI - RVI_{\min})/(RVI_{\max} - RVI_{\min}) \tag{4-8}$$

结合 GPS 点，根据野外实测数据与室内遥感数据，进行大量野外实地验证，确定 RVI_{v} 和 RVI_{s}。过程为：①利用公式(4-7)计算研究区域图像 RVI 值，根据室内遥感实验数据与野外实测数据，获取植被覆盖度最大值 f_{vmax} 与最小值 f_{vmin}；②根据实测数据及 SAR 影像计算数据，确定 $RVI_{\max}=1.024$ 和 $RVI_{\min}=0.142$，故 f_{v} 为

$$f_{\mathrm{v}} = (RVI - 0.142)/0.882 \tag{4-9}$$

4.1.4　研究区土地利用分类提取

1. 目标分解及 $H\text{-}\alpha$ 空间提取

利用 Polsarpro 软件完成直接对 SAR 影像的特征向量及特征值的极化分解后(程千，2015)，引入 3 个参数：平均散射角(α)、熵(H)、反熵(A)，它们都是特征值和特征矢量的函数。散射熵 H 和平均散射角 α 是地物目标极化散射特征的 2 个重要参量(化国强等，2011)，而反熵 A 作为熵的互补参数，在实际应用中，只有当 $H>0.7$ 的情况下，A 才作为下一步识别的因子，这是由于当熵值比较小时，λ_2，λ_3 受噪声干扰的程度较高。参数 α 与 SAR 散射类型有关，而散射机制的复杂程度由 H 的大小决定。以 H/α 两个参数构成二维空间并根据 H/α 物理意义构建 $H\text{-}\alpha$ 二维空间，并且划分为 8 个区域，每个区域对应特定的散射机制(图 4-5)。

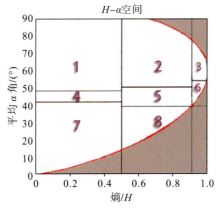

图 4-5　$H\text{-}\alpha$ 二维空间

1. 低熵高散射角；2. 中熵高散射角；3. 高熵高散射角；4. 低熵中散射角；5. 中熵中散射角；6. 高熵中散射角；7. 低熵低散射角；8. 中熵低散射角

2. 特征提取及分析

对比研究区不同土地利用类型下的目标地物的 H/α 空间，分析其不同的散射机制，提取土地利用类型信息，达到土地利用分类的目的。首先利用 GPS 建立典型地物感兴趣区域(ROI)，接着在经过预处理之后的 SAR 影像上提取 ROI 的 H、A、α 等相关参数，最后对不同土地利用类型地物进行分析(图 4-6)。

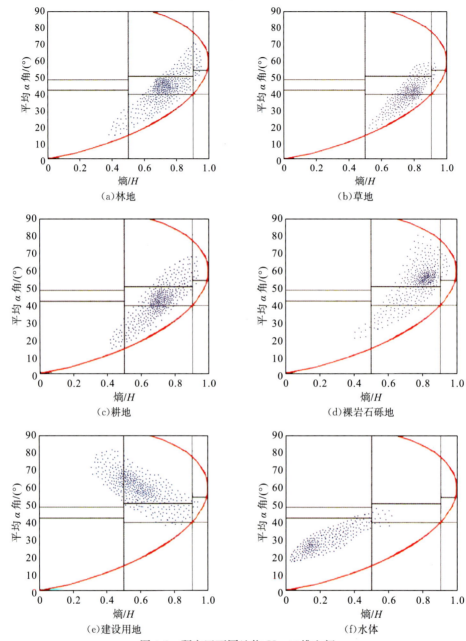

图 4-6   研究区不同地物 H-α 二维空间

表 4-2   感兴趣区域(ROI)不同土地利用类型地物各类特征均值

地物类型	平均散射角(α)	熵(H)	反熵(A)	H-α 空间	方差(平均散射角)
林地	44.01°	0.71	0.31	5-中熵中散射角	4.03
草地	40.75°	0.78	0.35	5-中熵中散射角	3.45
耕地	42.21°	0.69	0.43	5-中熵中散射角	3.21
裸岩石砾地	55.98°	0.81	0.21	2-中熵高散射角	5.01
水体	27.23°	0.17	0.69	7-低熵低散射角	2.01
建设用地	63.01°	0.51	0.61	2-中熵高散射角	6.91

　　从表 4-2 可知，建筑用地 α 值为最高 63.01°，方差为 6.91，由于建筑用地典型的结构和形状特征使得雷达波发生二次散射，反射现象增加，使其散射角最高，再加上建筑用地的不规则二面角特征，使得其离散性最高，方差最大；相反，水体 α 值最低，为 27.23°，散射熵 H 为 0.17，说明雷达波与水面作用，发生的散射主要为奇次散射，散射方式则为各向同性；裸岩石砾地主要由岩石或是石砾构成，基本无植被覆盖，表现的主要为岩石或浅薄土壤的散射信息，故 α 值低于建筑用地而高于有植被覆盖的林地、草地与耕地，但裸岩石砾地表面较为粗糙，故散射熵 H 大于林地、草地与耕地，表明其散射随机性较强。由于研究时间为 8 月，耕地主要种植的农作物为烟草或者玉米，耕地 α 值为 42.21°，主要表现为体散射特征，这是由于烟草、玉米进入成熟期，高大的枝条结构及其垂直形态使得体散射和散射的随机性偏强；草地 α 值较耕地小，散射熵 H 较耕地大，由于草地植株冠层矮小，散射特征不仅反映了灌草的体散射，还包括了土壤散射信息，同时耕地冠层不稳定，随机性大；林地的 α 值、散射熵 H 值近似于耕地，稍高于林地，表示林地反射雷达波也是体散射，但体散射更为明显，散射随机性更强，然而，林地平均散射角 α 值方差高于耕地，表明林地冠层差异性较大，农作物植株冠层分布均匀，起伏小。

　　3. Wishart−H-α 土地利用类型提取

　　研究基于特征分解中的特征对特征的分解方法，针对研究区域土地利用类型的散射特征值，并以实地定位利用类型为判断依据，使用监督分类中感兴趣区域（ROI）工具，勾画出对应利用类型的轮廓，采用 Wishart 监督分类方法，以达到识别并分类地物的目的。在完成分类之后，进行了分类后处理，主要包括 Majority/Minority Analysis 和聚类分析（clump），主要功能为：将生成的土地利用类型的小图斑合并到相近的大类中，最后得到研究区各土地利用类型的分布状况。研究区土地利用现状如图 4-7 所示。

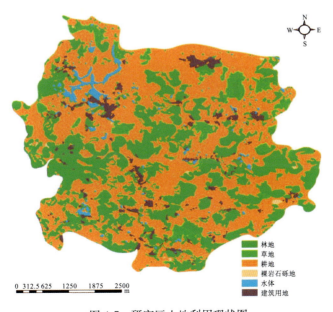

图 4-7　研究区土地利用现状图

4.1.5　研究区石漠化遥感分类监测

1. 基于综合分析法研究区石漠化遥感分类监测

以研究区无明显与极明显石漠化为两极值，采用内插分级的方式，将研究区统一分6级（表4-3），分别为无石漠化、潜在石漠化、轻度石漠化、中度石漠化、强度石漠化、极强度石漠化（周忠发等，2016）。研究选用 ArcGIS 作为操作平台，通过栅格计算器（Raster Calculator）建立石漠化综合分析模型（R_{RDF}）。

表 4-3　综合指标石漠化分类等级划分

R_{RDF}	0~1	1~2	2~4	4~6	6~8	8~10
石漠化等级	无石漠化	潜在石漠化	轻度石漠化	中度石漠化	强度石漠化	极强度石漠化

在进行分类划分之前，将坡度、土地利用现状、植被覆盖度通过归一化处理，将其重采样为大小为 10m 的栅格，利用栅格计算器得到石漠化综合指标图像，在此基础上依据综合指标石漠化分类等级进行分类处理，得到研究区石漠化程度分级分布图（图4-8）。

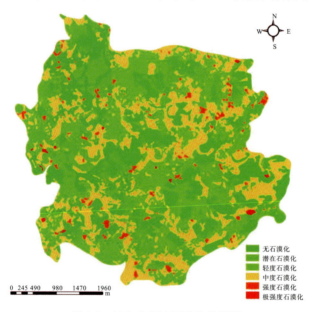

图 4-8　综合分析法石漠化分类图

4.1.6　基于决策树分类研究区石漠化分类遥感调查

选取植被覆盖度、坡度、土地利用类型、岩性作为基础变量，将研究区划分为无石漠化、潜在石漠化、轻度石漠化、中度石漠化、强度石漠化、极强度石漠化六个等级作为决策分类的目标变量。根据研究区石漠化等级划分等级指标中各指标因子与石漠化之间的等级关系，确定研究区喀斯特石漠化分级规则如表4-4所示。

表 4-4 研究区喀斯特石漠化分级规则

类型		划分规则
非喀斯特区		非碳酸盐岩覆盖区域
		碳酸盐岩覆盖区域
喀斯特区	Class(0)：无石漠化	LUCC＝水体，建筑用地或 f_v＞＝70％，Slope＜15°
	Class(1)：潜在石漠化	50％＜＝f_v＜＝70％，5°＜Slope＜8°
	Class(2)：轻度石漠化	35％＜＝f_v＜＝50％，8°＜Slope＜15°
	Class(3)：中度石漠化	25％＜＝f_v＜＝35％，15°＜Slope＜25°
	Class(4)：强度石漠化	10％＜＝f_v＜＝20％，25°＜Slope＜35°
	Class(5)：极强度石漠化	f_v＜＝20％，Slope＞35°

注：f_v 为植被覆盖度；Slope 为坡度；LUCC 为土地利用类型

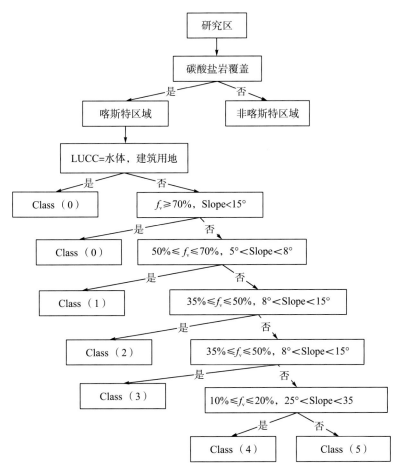

图 4-9 研究区石漠化遥感决策树法模型

执行决策树法模型分类(图 4-9)之后,得到研究区石漠化等级划分分类图(图 4-10)。

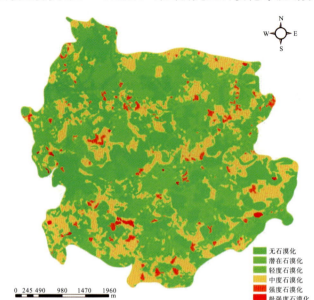

图 4-10   决策树分类图石漠化分类图

4.2   烟草种植监测雷达遥感数据源

在研究期间,所使用的数据源如表 4-5 所示。

表 4-5   雷达系统参数

系统参数	TerraSAR-X	RADARSAT-2
波段和频率/GHZ	9.65	5.3
极化方式	HHVV	HH+HV+VH+VV
入射角/(°)	31.98~33.33	30.42
分辨率/m	6	5.2×7.6
像元大小	6×6	4.7×5.1
幅宽/km	15	25

(1)TerraSAR-X(陆地合成孔径雷达卫星)是德国新一代的高分辨率雷达卫星,也是世界上第一颗商用分辨率达到 1m 的雷达卫星。TerraSAR-X 雷达卫星具有多极化、多入射角和精确的姿态和轨道控制能力,它采用 3cm 的 X 波段合成孔径雷达,可以进行全天时、全天候的对地观测,并具有一定的地表穿透能力,同时还可进行干涉测量和动态目标的检测,因此开展 TerraSAR-X 的数据应用研究具有十分广阔的发展前景(倪维平等,2009)。

(2)RADARSAT-2 卫星于 2007 年 12 月 14 日在哈萨克斯坦的拜科努尔航天发射基地发射成功,是目前世界上最先进的商业卫星之一,是 RADARSAT-1 的后续星,双星互

补，加上雷达全天候全天时的主动成像特点，可以在一定程度上缓解卫星数据源不足的
问题，并推动雷达数据的各个领域的广泛应用和发展。

　　研究中所用的雷达数据的具体时期和成像时间如表 4-6 所示，各年不同时期雷达影
响如图 4-11 所示。

表 4-6　雷达数据成像时间

年份	时期	获取时间	极化方式	烟草生长期
	第一期	2011 年 5 月 27 日 06：55：18	VV	还苗期—团棵期
2011 年	第二期	2011 年 7 月 10 日 06：55：18	VV	旺长期
	第三期	2011 年 9 月 24 日 06：55：18	HHVV	成熟期
	第一期	2012 年 5 月 30 日 06：55：18	HHVV	还苗期—团棵期
2012 年	第二期	2012 年 7 月 13 日 06：55：18	VV	旺长期
	第三期	2012 年 9 月 10 日 06：55：18	VV	成熟期
	第一期	2013 年 5 月 28 日 18：52：25	HHVV	还苗期—团棵期
2013 年	第二期	2013 年 7 月 14 日 19：04：03	H＋VH＋V	旺长期
	第三期	2013 年 8 月 24 日 18：52：30	HHVV	成熟期

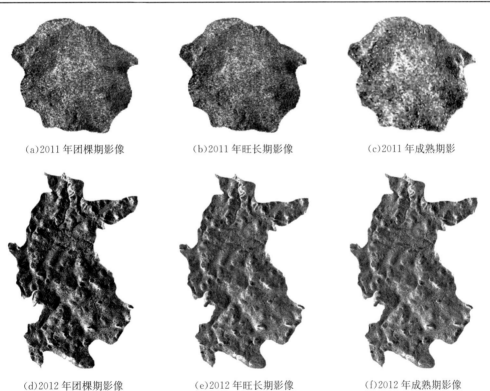

(a)2011 年团棵期影像　　　　　(b)2011 年旺长期影像　　　　　(c)2011 年成熟期影

(d)2012 年团棵期影像　　　　　(e)2012 年旺长期影像　　　　　(f)2012 年成熟期影像

图 4-11　示范样区烟草生长期 SAR 遥感监测影像

(g)2013年团棵期影像　　　　　(h)2013年旺长期影像　　　　　(i)2013年成熟期影像

图 4-11　（续）

4.3　半经验后向散射模型估算烟草生长参数的应用

构建农学模型时，需研究烟草形成产量过程中各阶段的生物学特性，找出对产量形成有重要影响的因子。影响烟草生长的因子主要有光、水、空气、土壤、生物，这些因子都是受自然与人类公共作用影响的。尽管这些因子千差万别，最终都表现在植物上（符勇等，2015）。因子适宜、相互协调，则植物生长良好；而某种或者几种因子缺乏或过度，植物将生长不良。因此，我们可以利用遥感来获取植物冠层参数的特点，用植物本身的参数来表示生长状况。

从生物学原理出发，农作物的产量实质是绿色植物利用光能将二氧化碳和水转化为有机物的结果。对于烟草而言，其叶片也就是产量，即烟草叶片的数量、质量就代表烟草产量的多少。绿色植被的叶面积指数（LAI）即单位面积上所有叶子表面积的总和或单位面积上所有叶子向下投影的面积总和（李开丽等，2005），是定量分析地球生态系统能量交换特性的一个重要结构变量，同时也可用于农作物产量预估和病虫害评价。LAI 过大或者过小时，烟草的产量都不高，因为叶面积偏大会造成田间郁蔽，叶面积偏小则有效的叶片数小，光合作用效率低。因此监测烟草不同生长期的烟草的叶面积指数对烟草的生长监测和估产都有非常重要的意义。

半经验定量遥感模型简单、直观，在分析烟草的后向散射特征的基础上，利用后向散射系数与待反演生长参数，通过各种数学统计分析，研究建立生长参数与后向散射系数间的定量模型。

以贵州清镇流长现代烟草农业基地单元的烟草为研究目标，分析烟草叶面积指数和多时像全极化 Radarsat-2HH、HV、VH、VV 极化的半经验关系。采集了烟草生长区的 10 个 16m×16m 的样方（表 4-7）叶面积指数，计算其平均值，具体见表 4-8。

表 4-7　试验样方基本情况

样方编号	样方中心坐标	海拔/m	样方株数	垄距/cm	株距/cm	村
1	106°13′36.57″N，26°42′36.972″E	1306	27×15	110	56	茶山
2	106°13′6.744″N，26°42′46.458″E	1290	22×16	98	58	茶山
3	106°13′35.022″N，26°42′57.816″E	1265	28×14	110	61	茶山
4	106°13′8.832″N，26°43′0.12″E	1294	27×16	106	61	茶山

续表

样方编号	样方中心坐标	海拔/m	样方株数	垄距/cm	株距/cm	村
5	106°17′28.95″N，26°44′3.82″E	1224	27×16	85	68	马场
6	106°13′32.34″N，26°44′6.324″E	1221	27×16	103	65	马场
7	106°12′15.39″N，26°43′39.738″E	1241	25×15	120	65	马场
8	106°14′9.528″，26°42′22.338″E	1274	26×15	120	72	羊坝
9	106°14′9.186″N，26°42′9.09″E	1284	28×13	118	61	羊坝
10	106°14′14.98″N，26°42′1.62″E	1279	25×14	90	78	羊坝

表 4-8　SAR 影像后向散射系数与烟草生长参数关系表

生长期	样方	LAI	极化方式/dB			
			HH	HV	VH	VV
团棵期 (2014.05.29)	1	1.43	−1.65	−6.89	−7.32	−4.03
	2	1.25	−2.21	−7.11	−7.78	−7.20
	3	1.18	−2.53	−7.45	−8.11	−6.65
	4	1.2	−2.01	−8.01	−7.47	−5.24
	5	1.33	−2.16	−7.44	−6.98	−5.10
	6	1.23	−2.36	−7.31	−7.12	−5.06
	7	1.41	−1.40	−6.65	−6.12	−4.35
	8	1.34	−1.34	−6.47	−7.23	−6.21
	9	1.21	−1.91	−7.58	−6.99	−7.55
	10	1.16	−2.54	−8.69	−8.33	−8.07
旺长期 (2014.06.29)	1	1.78	−4.64	−9.58	−10.57	−5
	2	1.71	−6.12	−11.02	−11.8	−6.98
	3	1.73	−5.94	−10.58	−11.08	−6.47
	4	1.75	−5.56	−10.26	−10.31	−5.58
	5	1.78	−3.94	−10.03	−10.21	−4.85
	6	1.83	−3.93	−9.11	−9.71	−4.45
	7	1.82	−4.18	−9.81	−10.36	−4.36
	8	1.75	−5.09	−11.14	−11.21	−6.04
	9	1.84	−3.98	−9.23	−9.81	−4.83
	10	1.77	−4.99	−10.22	−10.67	−5.18

生长期	样方	LAI	极化方式/dB			
			HH	HV	VH	VV
成熟期 (2014.8.16)	1	1.88	−7	−12.41	−12.57	−7.86
	2	1.93	−5.54	−11.56	−11.61	−6.28
	3	1.98	−4.99	−11.64	−11.67	−5.75
	4	1.89	−5.9	−11.98	−12.08	−6.93
	5	1.97	−5.5	−11.12	−11.22	−6.2
	6	1.83	−6.67	−12.18	−12.63	−7.07
	7	1.92	−5.98	−11.61	−12.12	−6.64
	8	1.86	−6.27	−12.21	−12.42	−7.24
	9	1.84	−6.99	−12.54	−12.66	−7.78
	10	1.91	−5.51	−11.75	−11.5	−6.68

提取 10 个样方全极化后向散射系数，与烟草 LAI 进行 Pearson 相关性分析，得到 SAR 影像后向散射系数与样方烟草 LAI 相关性 r（表 4-9）。

表 4-9　LAI 与 SAR 影像后向散射系数相关性表

r	烟草生长期											
	团棵期				旺长期				成熟期			
	HH	VV	HV	VH	HH	VV	HV	VH	HH	VV	HV	VH
LAI	0.917**	0.912**	0.889**	0.879**	0.788**	0.739**	0.771**	0.673*	0.865**	0.853**	0.864**	0.873**

注："**"表示在 0.01 水平（双侧）上显著相关；"*"表示在 0.05 水平（双侧）上显著相关

可从表 4-9 中看出，在烟草大田期中的团棵期、旺长期、成熟期三个时期，LAI 与 SAR 影像的后向散射系数的相关性都较高，分别到达了 0.01 或 0.05，可将 LAI 与后向散射系用于回归线性模型的建立，考虑分别建立一元一次线性模型与一元二次线性模型。利用 F 分布统计量对拟合度（R^2）进行显著性分析（式 4-10），在显著水平 λ 上，查 F 分布临界值表，得临界值 F_λ，若 F 统计量大于临界值 F_λ，则拟合度在该显著水平 $\lambda(sig)$ 上是显著的，否则是不显著的。其中，n 代表样本含量，K 代表独立变量的个数，$n-K-1$ 代表自由度。

$$F = \frac{\dfrac{R^2}{K}}{\dfrac{(1-R^2)}{(n-K-1)}} \tag{4-10}$$

表 4-10　烟草雷达遥感监测模型

生长期	极化方式	一元回归线性模型	R^2	F	sig	一元回归非线性模型	R^2	F	sig
团棵期	HH	$y=0.176x+1.627$	0.621	13.131	0.007	$y=-0.018x^2+0.106x+1.563$	0.622	5.764	0.033
	VV	$y=0.051x+1.579$	0.546	9.627	0.015	$y=0.015x^2+0.232x+2.098$	0.599	5.228	0.041
	HV	$y=0.114x+2.115$	0.594	11.712	0.009	$y=0.038x^2+0.683x+4.247$	0.632	6.000	0.030
	VH	$y=0.103x+2.032$	0.453	6.662	0.033	$y=-0.007x^2-0.001x+1.654$	0.454	2.913	0.120
旺长期	HH	$y=0.047x+2.005$	0.841	42.312	0.000	$y=0.001x^2+0.061x+2.03$	0.841	18.548	0.002
	VV	$y=0.045x+2.018$	0.832	39.61	0.000	$y=0.009x^2+0.151x+2.309$	0.851	20.008	0.001
	HV	$y=0.056x+2.338$	0.790	30.034	0.001	$y=0.014x^2+0.341x+3.775$	0.810	14.884	0.003
	VH	$y=0.059x+2.399$	0.772	27.144	0.001	$y=0.012x^2+0.307x+3.722$	0.786	12.846	0.005
成熟期	HH	$y=0.064x+2.298$	0.749	23.852	0.001	$y=0.028x^2+0.402x+3.307$	0.796	13.696	0.004
	VV	$y=0.064x+2.34$	0.727	21.335	0.002	$y=0.032x^2+0.504x+3.836$	0.809	14.847	0.003
	HV	$y=0.1x+3.087$	0.746	23.485	0.001	$y=0.004x^2+0.19x+3.623$	0.746	10.286	0.008
	VH	$y=0.086x+2.926$	0.761	25.531	0.001	$y=-0.037x^2-0.804x-2.401$	0.781	12.516	0.005

由表 4-10 可知，在烟草生长大田期的三个生长期中，从拟合度来看，旺长期>成熟期>团棵期。这是由于在烟草团棵期，烟的生长中心主要是在地下部分，营养主要支撑根的生长，而地上部分烟苗矮小，茎短叶窄，在低水平生物量情况下，电磁波极易穿透烟叶，此时后向散射系数值很大一部分来自于地表反射，由此产生了比烟草植株本身更强的回波信号导致样方中的散射信息受土壤散射的影响较大，则与 LAI 建立的模型拟合度不高。进入旺长期之后，烟草生长的中心从团棵期的地下部分转移到地上部分，茎迅速长高加粗，叶片迅速扩大，总叶面积迅速扩大，光合产物积累增多，LAI 也逐渐达到高峰，散射的贡献也主要来源于烟草冠层与茎秆部分。旺长期之后，烟株现蕾之后，下部叶逐渐衰老，叶片由下而上一次落黄成熟，叶片从下到上逐渐被烟农采摘，散射信息主要是来源于烟草的茎秆。对比不同的极化方式下建立的模型，选择每种生长期下的最优模型：在团棵期中，最优的模型是 HV 极化下的一元一次模型 $y=0.038x^2+0.683x+4.247$；在旺长中，最优的模型是 VV 极化下的一元二次模型 $y=0.009x^2+0.151x+2.309$；在成熟期中，最优的模型是 VV 极化下的一元二次模型 $y=0.032x^2+0.504x+3.836$。可以看出，除了团棵期之外，在旺长期和成熟期最优的模型都是 VV 极化下的一元二次模型，即从一定程度上说，不能只用简单的一元线性方程关系说明 LAI 与 SAR 后向散射系数的关系，而非线性回归模型二次多项式模型更适合。

4.4　TerraSAR-X 数据在烟草种植面积提取中的应用

4.4.1　TerraSAR-X 数据的预处理

成像雷达发射某一特定波长的微波波段的电磁波，接受来自地面的后向散射电磁波能量，两者相干而成像，形成了雷达图像固有的几何特征和不同于其他遥感图像的信息特点，主要表现在雷达图像斜距与地距显示的区别，透视收缩，叠掩及阴影等。对原始SAR图像进行预处理，以达到减少雷达系统参数及目标地物参数对分类结果影响的目的。

本章节介绍 TerraSAR-X 数据处理技术，主要包括对 TerraSAR-X 数据的滤波、DEM 地形校正、正射校正等。

1. 滤波

降低雷达图像噪声水平有两种途径：一是在早期成像过程中的多视平滑处理，这是以牺牲空间分辨率为代价的；二是在不损失分辨率的情况下，用滤波方法来压制噪声。噪声压制滤波器的构造通常有以下几种方法(王佩，2002)。

(1)传统方法：即中值滤波、均值滤波等传统滤波器用于雷达图像处理，这种方法的缺点是平滑噪声的同时损失了边缘信息。

(2)模型方法：即假定静态的噪声模型(加性、乘性、信号独立)，然后采用相应的滤波器对图像进行处理，如 KALMAN、LEE 滤波器等。因噪声的静态假设往往不能与信号的实际情况相符，所以这样的滤波器有时效果并不好。这些滤波器一般也考虑了局域灰度统计特征。

(3)区域统计自适应滤波：这是目前最常用的方法，考虑到了图像的不均匀性，以区域的灰度直方图为基础来决定参与滤波的邻域点的权重值。这样的滤波器较为典型的有 KUAN、ENH LEE、FROST 等。这样滤波器利用成像处理的视数来决定图像的噪声强度。局域统计滤波能够在平滑噪声的同时较有效地保持明显的边缘，而且能够通过参数控制来调整平滑效果和边缘保持效果。

(4)几何滤波法：把图像的平面坐标加上灰度值考虑为一种三维模型，用形态学的方法去除噪声这种滤波器的边缘保持能力优于局域统计滤波，这种滤波器典型的是 GAMMA MAP。

(5)分级滤波：这是最新出现的方法，即利用小滤波理论，将图像分成代表不同尺度信息的一系列图像，对低频、低分辨率图像进行降噪处理，对代表高频成分的高分辨率图像进行适当的阈值处理以保留主要的边缘信息，再重建图像。这种方法算法很复杂，但噪声压制和边缘保持效果都很好。

由于不同滤波器的滤波算法不用，对原始雷达影像进行不同窗口、不同滤波方法的滤波处理，通过目视评价和定量分析滤波后影像的各性能参数，得出最佳滤波方法，为后期信息提取提供有力支撑(余丽萍等，2010；高程程等，2010；李智峰等，2011)。

实验选取传统滤波方法中的均值滤波(MEAN)、中值滤波(MEDIAN)，模型方法中的 LEE 滤波，区域统计自适应滤波中的 FROST 滤波，几何滤波法中的 GAMMA MAP 滤波，选择 3×3、5×5、7×7、9×9 窗口，进行组合滤波。通过目视评价，选择出滤波效果较好的全窗口 FROST 滤波及 7×7 窗口的中值滤波(图 4-12)。

图 4-12　滤波效果图

选取均值、等效视数(ENL)和边缘保持指数(ESI)等滤波后影像的各性能参数进行定量评价。

(1)图像的均值 μ。

图像的均值 μ 是整个图像的平均强度,均值的保持对 SAR 图像的校准非常重要,反映了图像的平均灰度,即图像所包含目标的平均后向散射系数。

$$\mu = \frac{1}{n}\sum_{i=1}^{n} x_i \tag{4-11}$$

(2)等效视数 ENL。

等效视数 ENL 是衡量一幅 SAR 图像斑点噪声相对强度的一种指标,定义为

$$ENL = \frac{\mu^2}{\sigma^2} \tag{4-12}$$

式中,μ 为图像的均值;σ 为图像的方差。ENL 越大,图像的噪声越弱,平滑度越高,而有效视数的提高,反映了在辐射分辨率(信噪比)提高的同时,空间分辨率的降低。

(3)边缘保持指数 ESI。

由于图像中的边缘部分属于高频信息,在去噪的同时,能否有效地保持边缘信息,也是衡量一个滤波算法优良与否的因素。在计算边缘保持系数时,由于斑点噪声的存在,SAR 图像中真实边缘的探测困难且不可靠,因此采用一种传统的方法来评估边缘保持能力。ESI 定义为

$$ESI = \frac{\sum(|I_s(i,j) - I_s(i+1,j)| + |I_s(i,j) - I_s(i,j+1)|)}{\sum(|I_o(i,j) - I_o(i+1,j)| + |I_o(i,j) - I_o(i,j+1)|)} \tag{4-13}$$

式中,$I_o(i,j)$ 与 $I_s(i,j)$ 分别为滤波前后边缘区域内图像的像素灰度值;(i,j) 表示

图像第 i 行第 j 列；ESI 最大值为 1，最小值为 0。

通过计算评价上述评价参数（表 4-11），综合考虑后向散射系数、降噪强度、空间分辨率和边缘保持情况，得出 7×7 窗口 FROST 滤波方法为最佳滤波方法。

表 4-11 噪声抑制典型算法滤波性能参数

	median	frost			
窗口	7×7	3×3	5×5	7×7	9×9
μ	144.981	146.236	146.236	146.9	147.064
ENL	2.0702	1.891	1.891	2.0951	2.1546
ESI	0.66	0.802	0.802	0.6345	0.5645

2. DEM 地形校正

由于沿直线传播的雷达波束受到高大的地面目标的遮掩时，位于目标背影的区域接受不到电磁波信号，因而也就不会有雷达的反射回波信号，由此引起相应的背影区域的暗区，就称为雷达阴影。当地面是斜坡时，这种斜坡在雷达图像上的长度按比例换算后总有比其实际长度短的现象出现，称为透视收缩。当目标地物的坡度较大时，多个目标点被成像为一个点的情况称为透视叠掩。

数字高程模型（digital elevation model，DEM）是一定范围内规则格网点的平面坐标 $(X，Y)$ 及其高程 (Z) 的数据集，它主要是描述区域地貌形态的空间分布，是通过等高线或相似立体模型进行数据采集（包括采样和量测），然后进行数据内插而形成的。DEM 是对地貌形态的虚拟表示，可派生出等高线、坡度图等信息，用于与地形相关的分析应用（胡包钢等，2001；陈劲松等，2010；张露等，2010）。

3. 正射校正

利用 DEM 对地貌形态的虚拟表示可以对雷达图像上出现的透视收缩和透视叠掩等进行校正，实现对目标地物的还原（图 4-13）。

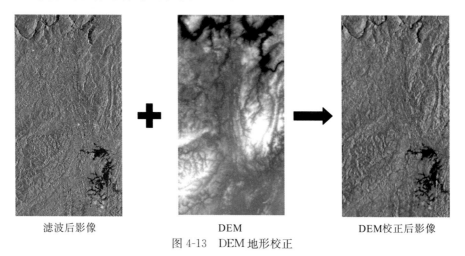

滤波后影像   DEM   DEM校正后影像

图 4-13 DEM 地形校正

利用 DEM 进行构像建立的一幅表现叠掩和阴影的几何模拟图像，尽管和实际雷达图像具有相同的成像条件，但由于某些因素的影响，使它们在几何形态上仍存在一些差异。据此，应用地面控制点(GCP)拟合多项式调整传感器模型中的轨道参数对雷达图像进行初步校正，可使模拟图像和真实图像相互匹配。据此，根据 SAR 图像的几何原理，先利用 DEM 构建模拟的雷达图像，然后在原始图像和模拟雷达图像之间选取控制点，并在最小二乘法的原则下解算、校正式参数进行正射校正，以达到对多山地区 SAR 影像正射校正的目的(徐凌等，2004)。

4. 后向散射系数提取与比较分析

在两个均匀介质的分界面上，当电磁波从一个介质中入射时，会在分界面上产生散射，这种散射叫作表面散射。在表面散射中，散射面的粗糙度是非常重要的，所以在不是镜面的情况下必须使用能够计算的量来衡量。通常散射截面积是入射方向和散射方向的函数，而在合成孔径雷达及散射计等遥感器中，所观测的散射波的方向是入射方向，这个方向上的散射就称作后向散射。

选择研究区内典型作物进行野外定标和建立训练场，在训练场内建立典型作物的样方(表 4-12)，并计算典型作物的后向散射系数(以 2012 年为例)。

表 4-12 典型作物(部分)野外训练场样方基本情况表

典型作物	样方大小	样方中心坐标点	海拔	土壤类型
水稻	15m×15m	26°43.850′N，106°13.009′E	1233m	水稻土
烟草(山坡)	15m×15m	26°42.456′N，106°13.879′E	1301m	黄壤
烟草(洼地)	15m×15m	26°42.476′N，106°13.811′E	1293m	黄壤
玉米	15m×15m	26°42.786′N，106°13.394′E	1279m	黄壤

$$\sigma_{dB}^{0} = 10 \cdot \lg(K_S \cdot |DN|^2) + 10 \cdot \lg(\sin\theta_{loc}) \qquad (4-14)$$

式中，σ_{dB}^{0} 为地物后向散射系数；DN 为影像灰度值；K_s 为影像获取时卫星的校验系数；θ_{loc} 为卫星获取地物信息时的发生角度。

通过运算公式(4-14)，得到研究区的后向散射系数信息，分析对比各典型作物在不同时期的后向散射差异及团棵期不同极化方式的比值差异(表 4-13 和图 4-17)，最后分析差异形成机理。

表 4-13 2012 年研究区内不同作物在不同时期的后向散射系数表 (单位：dB)

HH/VV	5 月 HH 极化	5 月 VV 极化	7 月 VV 极化	9 月 VV 极化	5 月 HH/VV
水稻	−20.03	−24.58	−10.24	−31.59	0.81
烟草(山坡)	−9.61	−9.49	−11.55	−23.41	1.01
烟草(洼地)	−10.92	−7.26	−8.26	−20.56	1.50
玉米	−7.38	−4.42	−7.99	−21.01	1.44

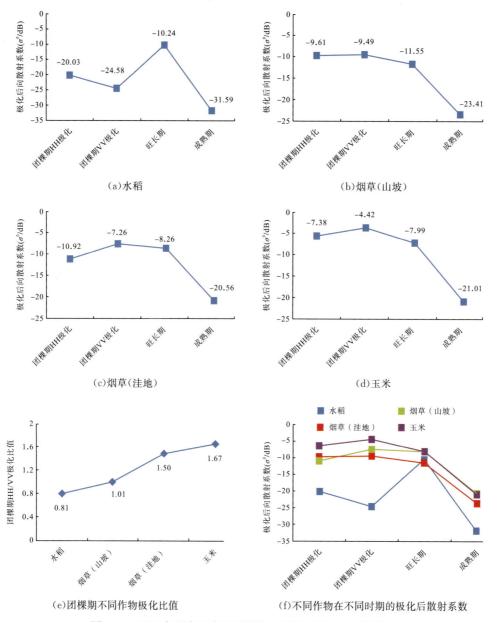

图 4-14　2012 年研究区内不同作物在不同时期的后向散射变化

5. 纹理信息分析

　　遥感图像解译判读是根据遥感图像及相关资料，将地图上或者其他需要的地形要素识别出来，并用规定的符号在图像或图纸上表示出来的技术。但在对雷达图像进行分析时，仅仅依靠目标的灰度对比度来分辨地面目标是十分不够的，还需利用其纹理信息。

　　针对贵州喀斯特山地在应用 SAR 遥感过程中，由于地形支离破碎，作物种植复杂多样，导致单纯利用 SAR 影像的灰度值进行分类时，其精度难以保证的问题。原始图像进行 7×7 窗口 FROST 滤波，经过计算不同步长、不同方向的 GLCM，得到了基于 GLCM 的不同纹理特征值，并对其特征值进行分析。

纹理是指图像在灰度空间的分布和变化频率，能够反映地物的位置关系和空间分布，具有描述图像区域和表面特征的独特作用。SAR 影像中包含了大量的纹理信息，通过一定的算法提取 SAR 影像的纹理特征并使其参与图像分类，对提高 SAR 影像地物识别能力具有重要的作用。

灰度共生矩阵(GLCM)用两个位置像素的联合概率密度来定义，不仅反映亮度的分布特性，也反映具有同样亮度或接近亮度的像素之间的位置分布特性，是一种统计图像二阶纹理信息的有效工具。(Lu et al.，2007)。灰度共生矩阵定义为：灰度共生矩阵中的元素点$(i，j)$的值表示了在一定大小的窗口中一个像素的灰度值为 i，另一个像素的灰度值为 j，并且相邻距离为 d，灰度共生矩阵生成方向为 θ 的两个像素出现的频率。通常 d 取 1 或 2，θ 取 0°、45°、90°和 135°四个方向的值。

灰度共生矩阵的各元素值通过式(4-15)计算而得：

$$P(i,j) = \frac{P(i,j,d,\theta)}{\sum\limits_{i=1}\sum\limits_{j=1}P(i,j,d,\theta)} \tag{4-15}$$

式中，$P(i，j，d，\theta)$是灰度分别为 i 和 j，距离为 d，且方向为 θ 的像素点对的出现次数。

灰度共生矩阵综合反映了图像灰度的水平等级、生成方向、步长和变化幅度等信息。为了能更直观地以灰度共生矩阵描述纹理状况，引入了灰度共生矩阵特征参数。Haralick 等(2012)在灰度共生矩阵的基础上依据图像纹理的特点，提出 14 种定量描述灰度共生矩阵特征参数的方法。一般常采用以下四种特征参数来定量描述基于灰度共生矩阵的图像纹理状况。

(1)二阶矩(Second Moment)。

$$SM = \sum\limits_{i=1}\sum\limits_{j=1}(P(i,j))^2 \tag{4-16}$$

二阶矩即方差，是表征图像纹理局部统计特征的重要参数，侧重于反映图像的局部特性。

(2)熵(Entropy)。

$$E = \sum\limits_{i=1}\sum\limits_{j=1}P(i,j)\log_2 P(i,j) \tag{4-17}$$

图像的熵值是衡量信息丰富程度的一个重要指标，熵值的大小代表图像所携带的平均信息量。共生矩阵中元素分散分布时，熵较大(Pal et al.，1991)。它表示图像中纹理的非均匀程度或复杂程度。若图像没有任何纹理，则灰度共生矩阵几乎为零阵。若纹理复杂，熵值大。

(3)对比度(Contrast)。

$$CON = \sum\limits_{i=1}\sum\limits_{j=1}(i-j)^2 P(i,j,d,\theta) \tag{4-18}$$

对比度又称为主对角线惯性矩，它表征图像中的局部灰度变化总量。反映了图像的清晰度和纹理的沟纹深浅。对比度能够有效检测图像反差，提取物体边缘信息。对比度越大，效果越清晰。

（4）相关度（Correlation）。

$$COR = \frac{\sum_{i=1}^{N}\sum_{j=1}^{N}(i,j)P(i,j) - \mu_i\mu_j}{\sigma_i^2\sigma_j^2} \qquad (4\text{-}19)$$

其中

$$\mu_i = \sum_i\sum_j iP(i,j)$$
$$\mu_j = \sum_i\sum_j jP(i,j)$$
$$\sigma_i^2 = \sum_i\sum_j (i-\mu_i)^2 P(i,j)$$
$$\sigma_j^2 = \sum_i\sum_j (i-\mu_j)^2 P(i,j) \qquad (4\text{-}20)$$

相关度是灰度线形关系的度量，是描述灰度共生矩阵中行或列元素之间的相似程度。它反映某种灰度值沿某个方向的延伸长度，若延伸得越长，则相关值越大。

6. 灰度共生矩阵纹理提取

为达到最佳的提取效果，实验选取了 3×3、5×5 为移动窗口，并做出比较；选用 $\Delta x=1$、$\Delta y=1$ 为移动步长；计算窗口区域的不同方向（0°、45°、90°、135°）的灰度共生矩阵，取其均值作为最后的纹理特征值；选取二阶矩、熵、对比度和相关度为特征参数。通过计算 0°、45°、90°和135°四个方向的纹理特征的平均值，得到了 3×3、5×5 移动窗口（图 4-15）的二阶矩、熵、对比度和相关度等特征参数图像（贾龙浩等，2012）。

通过目视解译和野外 GPS 定点测量，得到图像中典型地物的灰度共生矩阵特征值（表 4-14），进而得到实验区内典型地物的灰度共生矩阵特征值分布图（图 4-16）。

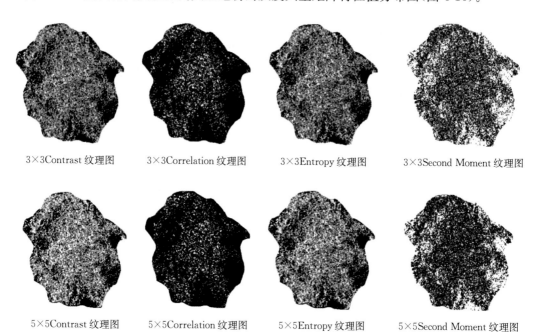

| 3×3Contrast 纹理图 | 3×3Correlation 纹理图 | 3×3Entropy 纹理图 | 3×3Second Moment 纹理图 |

| 5×5Contrast 纹理图 | 5×5Correlation 纹理图 | 5×5Entropy 纹理图 | 5×5Second Moment 纹理图 |

图 4-15　3×3 和 5×5 移动窗口的四种特征参数纹理图

表 4-14 实验区内典型地物灰度共生矩阵特征值表

		有林地	灌木林地	烟田	玉米田	裸岩	居民点	机耕道
3×3	ENT	0.246337	0.174416	0.432559	0.132427	0.087208	1.354388	0.264853
	COR	6.123076	0.939635	47.857498	6.4664	5.835927	1.602623	7.50822
	CON	0.083333	0.007778	0.138889	0.055556	0.194444	0.061111	0.011111
	SM	0.91358	0.876543	0.759259	0.82716	0.703704	0.277778	0.814815
5×5	ENT	0.041986	0.167527	0.676901	0.545774	0.59167	1.43862	0.181371
	COR	20.06651	3.955161	153.955688	20.361061	10.201114	7.12062	19.83282
	CON	0.03	0.02	0.17	0.09	0.18	0.41	0.05
	SM	0.9472	0.9616	0.6896	0.8224	0.6608	0.308	0.9808

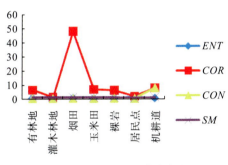
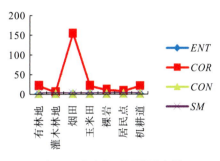

(a)3×3 移动窗口特征值分布图　　(b)5×5 移动窗口特征值分布图

图 4-16 实验区内典型地物的灰度共生矩阵特征值分布图

4.4.2 烟草后向散射特性分析

目标的散射特征随着时间变化的规律是利用单参数雷达识别目标的有效途径，我们称其为目标时域散射特征。在本研究中所利用的 X 波段双极化（HHVV）雷达卫星（TerraSAR-X）数据，这里所指的目标时域散射特征为目标在 X 波段 HHVV 极化单时相和多时相雷达图像上所表达的散射特征在时间域内的变化规律（邵芸等，2001a）。

1. 数据处理方法

为了对雷达影像进行分析和应用，需要对获取的 TerraSAR-X 数据进行几何校正、斑点噪声去除、绝对辐射定标等预处理（胡九超等，2014）。

（1）几何校正：选择 23 个地面控制点，在遥感影像处理软件 ERDAS IMAGINE 9.2 完成影像的几何校正，控制点主要选择在道路交叉口，河流交汇处以及水库堤坝上，且要分布均匀，误差控制在 1 个像元左右。

（2）斑点噪声压缩：斑点噪声的存在会使影像的判读解译变得更加困难，甚至会影响地物有效信息的提取。滤波处理不但可以减少 SAR 斑点噪声的影响，提高图像的目视效果，更重要的是有助于提高对每个像元后向散射的估计精度。这将直接影响图像的分类精度。常见的滤波器有 Lee、Enhanced Lee、Frost、Enhanced Frost、Gamma、Kuan、Local Sigma、Bit Error 等，本书采用的是 Frost 滤波器，窗口大小为 5×5。图 4-17 和

图 4-18 是滤波前后(部分)的对比,滤波后图像降低了噪声,变得更平滑。

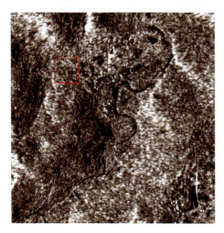

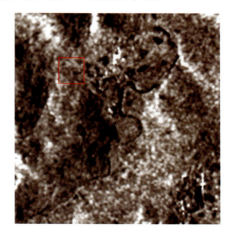

图 4-17　Frost 滤波前　　　　　　　　　　图 4-18　Frost 滤波后

(3)绝对辐射定标:绝对辐射定标可通过式(4-14)进行,定标之后,影像像元值就是后向散射系数。

(4)研究区提取:利用研究区边界文件裁剪影像,获得研究区区域。

2.　基于雷达数据极化比值的烟草识别与分析

1)后向散射系数的提取与分析

TerraSAR-X 数据经过预处理,通过式(4-21)辐射定标之后所得图像的像元值即为后向散射系数。试验影像是同极化 TerraSAR-X 数据,包括 HH、VV 两种极化方式。首先利用相关软件计算出 HH、VV 的比值和差值图像,分别用 HH/VV 和 HH−VV 表示;然后选取典型地物构成的感兴趣区域(ROI)裁剪不同图像(HH、VV、HH/VV、HH−VV),并计算各图像感兴趣区域 DN 值的平均值,即得到不同图像上典型地物后向散射系数的平均值(表 4-15)。

表 4-15　典型地物在不同图像上后向散射系数

后向散射系数	烟草	玉米	水稻	有林地	居民点
$\sigma^0_{dB}(HH)$	−3.6	−2.7	−2.3	−3.4	−3.6
$\sigma^0_{dB}(VV)$	−12.1	−11.5	−12.2	−13.7	−10.98
$\sigma^0_{dB}(HH/VV)$	0.4	0.3	0.26	0.42	0.37
$\sigma^0_{dB}(HH-VV)$	9.07	9.04	9.31	10.83	8.45

表 4-15 中的数据表明,烟草 VV 极化后向散射系数比 HH 极化后向散射系数小 8.5dB,出现这一结果的原因是影像拍摄时期烟草正处于生长期的团棵期阶段,叶片已经完全展开,植株冠层很大程度上对 VV 极化的穿透能力进行了衰减(化国强等,2011)。HH 极化方式下水稻的后向散射系数大于烟草,这是由于水稻植株的垂直状态且和水面双层的相互作用导致的(徐茂松等,2012;陈劲松等,2010)。烟草与居民点的后向散射系数十分接近,笔者认为其原因可能是该时相的烟草正处于团棵期,大面积的土壤裸露在外,且该月土壤墒情评价均为干旱,影像拍摄当天高温无雨(表 4-18),使得土壤失去

了大量的水分，致使土壤干涸，形成了较多的角反射器，烟田则在一定程度上表现出与建筑物相似的散射特性。烟草和玉米无论在何种图像上表现出的数据都很接近，笔者认为是两者生长周期相似且叶子形态类似所导致的。

2)烟草信息识别及识别后分析

地物信息提取的方法多，比值法和差值法却受到更多的关注和青睐。这是因为比值法可以使影像中某些地物的均值差异扩大，同时缩小地物之间的方差，该方法便于对地物进行分类；差值法根据波段间图像值差值的不同，多用于区分不同的地物。两种方法各有各的优势。为了更好地识别影像中的烟草信息，该案例在实验过程中增加了比值图像(HH/VV)。通过分析不同图像上不同地物的后向散射系数，并找到它们之间的差异，从而得到不同地物在不同图像上的散射特性。经过多次试验结果对比分析，最终选择监督分类算法中基于图像统计的最大似然判别法(赵春霞等，2004)对组合好的 HH、VV、HH/VV(R、G、B)图像(图 4-19)行监督分类。首先，在研究区内选择几种典型的地物建立规则样方，并形成监督分类所需的训练场；然后，根据训练场内 DN 值计算各类地物的统计特征值，包括方差、标准差、均值等统计值，建立分类判读函数，并逐点扫描图像中的像元，求出各地物的概率，再将待判别的像元归入最大判别函数值的一组(杨沈斌等，2008)。分类后，对结果的矢量数据进行 Majority/Minority、Eliminate 以及 Clump 等分类后的处理(图 4-20)。

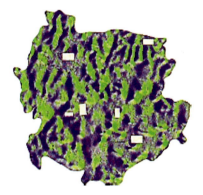 

图 4-19　GPS 样方在 TerraSAR-X 影像上的位置分布　　图 4-20　TerraSAR-X 图像的典型地物分类图

为了验证所采用的方法是否能达到预期的结果，试验之后必须对得到的结果进行评估，即通常所说的精度验证。得到所需数据的方法如下：在 TerraSAR-X 影像上建立规则的样方(图 4-19)，样方包括烟草、玉米、水稻等地物。把规则样方(shape 格式)转换成感兴趣区域(ROI)，用其对分类后的数据(shape 格式)进行裁剪，最后计算样方中各地物的面积。详细结果见表 4-16。烟草识别精度验证方法如下(张云柏，2004；杨沈斌等，2007)，假设：样方内实际上是烟草的归为烟草的用 TT 表示；是烟草的归为其他类的用 TF 表示；是非烟草的归为非烟草的用 FF 表示；是非烟草的归为烟草的用 FT 表示，这里的 T 代表烟草，F 代表非烟草。则影像分类总精度用式(4-21)表示：

$$(TT+FF)/(TT+TF+FF+FT)\times100\% \tag{4-21}$$

烟草识别精度用式(4-22)表示为

$$TT/(TT+TF)\times100\% \tag{4-22}$$

表 4-16　GPS 样方数据中不同地类的统计结果

地类	烟草	玉米	水稻	有林地	居民点
面积/m²	113373.2	152826.1	11784.3	68809.5	39458.5
所占比例	29.35%		70.65%		

由式(4-21)和式(4-22)可得出影像分类总精度和烟草识别精度(表 4-17)。由数据可知，利用该方法进行烟草识别的精度为 80.52%。

表 4-17　研究区极化比值烟草识别精度评价

类别	TT	TF	FF	FT	影像分类总精度	烟草识别精度
结果	105281.2	25473.6	214326.2	41170.6	82.75%	80.52%

通过上述的分析结果可知，基于 TerraSAR-X 数据采用上述识别方法在贵州高原山区进行烟草的识别精度不够理想。此案例采用的数据是 2013 年 5 月 28 日的 TerraSAR-X 影像数据，该时期烟草正处于团棵期，从数据结果来看精度不理想，这一问题的出现依然说明存在值得我们思考的问题。

(1)该时期的烟草叶面积指数极小、大面积土壤裸露、再者季节干旱、灌溉艰难等因素的影响，烟草的散射特性几乎没有表现出来，其特征和裸地相差无几。该月墒情评价都为干旱，且整个月的降水也不均匀(详见表 4-18)，数据拍摄当天没有降雨，平均气温是该月最高的，同时日照时数最长，翻耕暴晒后的土壤存在大量的角反射器，使得烟草地和建筑物后向散射系数差别很小，两者的区分极易混淆。总而言之，不同的影像时相也许会得到不同的烟草识别结果，具体结论有待进一步研究;

(2)该案例中用的是单时相双极化的 TerraSAR-X 影像数据，烟草识别精度没有达到预期。多时相、多极化雷达影像的应用是今后研究的方向，因为其可以提供不同时相、不同极化方式下的地物信息，可以为高原山区其他农作物的识别甚至长时间的动态监测取提供更好的服务。这样可以得到更高的农作物识别精度。所以，在研究区尝试使用多时相多极化的雷达影像进行烟草识别或其他农作物的监测是有必要的。

表 4-18　2013 年 5 月研究区相关气象数据

日期	平均温度/℃	日雨量/mm	最大雨强/(mm/hr)	日照时数/hr	蒸散量/mm	墒情评价
01	15.3	0.0	0.0	8.0	1.5	干旱
02	13.8	11.8	9.8	0.0	0.4	干旱
03	13.4	4.8	2.0	3.0	0.8	干旱
04	15.2	0.2	0.0	8.0	2.0	干旱
05	19.0	0.2	0.0	8.0	2.4	干旱
06	19.8	7.2	57.6	9.0	3.0	干旱
07	15.9	10.4	10.6	0.0	0.6	干旱
08	16.7	4.4	5.2	6.0	1.2	干旱
09	15.2	2.0	18.6	2.0	0.8	干旱
10	14.3	1.0	1.0	9.0	2.4	干旱

续表

日期	平均温度/℃	日雨量/mm	最大雨强/(mm/hr)	日照时数/hr	蒸散量/mm	墒情评价
11	15.8	0.2	0.0	10.0	3.9	干旱
12	18.7	0.0	0.0	10.0	3.9	干旱
13	19.8	9.8	174.6	8.0	2.9	干旱
14	23.3	0.0	0.0	9.0	4.1	干旱
15	20.5	0.2	0.0	8.0	2.8	干旱
16	17.6	0.4	0.0	0.0	0.5	干旱
17	16.8	2.0	1.6	1.0	0.5	干旱
18	17.2	1.4	25.4	9.0	2.5	干旱
19	18.2	1.8	5.8	9.0	2.6	干旱
20	17.4	3.6	4.2	9.0	2.1	干旱
21	19.6	0.0	0.0	10.0	3.9	干旱
22	21.9	0.0	0.0	10.0	4.3	干旱
23	23.3	0.0	0.0	10.0	4.0	干旱
24	23.1	51.8	104.8	8.0	3.0	干旱
25	20.8	34.2	77.4	6.0	1.6	干旱
26	22.7	5.2	38.0	11.0	4.9	干旱
27	24.5	0.0	0.0	10.0	4.2	干旱
28	26.2	0.0	0.0	11.0	4.6	干旱
29	16.8	33.4	188.8	3.0	0.8	干旱
30	15.1	0.4	0.8	8.0	1.7	干旱
31	14.4	1.4	0.0	0.0	0.4	干旱
本月	18.5	187.8	188.8	213.0	74.3	干旱

注：数据来源于贵州烟草茶山基地气象站(站号：A0001)

3. 基于雷达数据极化差值的烟草识别与分析

1) 多时相多极化差值的计算与分析

该方法采用的 TerraSAR-X 同极化模式(HH 极化和 VV 极化)影像。与单极化影像相比，双极化影像多了一个极化方式影像的地物信息。地物对不同极化的去极化能力及与雷达波之间的相互作用，反映了地物不同的介电特性、表面粗糙度、几何形态和方向等属性特征。同样，时相的变化会引起同一地区同一地物随时间的变化。即使极化方式相同，但由于地物自身因素的变化，也会使两个时相上地物后向散射系数发生较大的变化。所以我们可以利用这些变化信息来分辨地物(杨沈斌等，2008)。

为了更好地说明研究区典型地物后向散射系数的变化情况，分别计算了两个时期(2013 年 5 月 28 日和 8 月 24 日)HH、VV 极化图像后向散射系数的差值，简称同时相异极化差值，公式为

$$\Delta\sigma^0_{0528} = \sigma^0_{0528HH} - \sigma^0_{0528VV} \tag{4-23}$$

$$\Delta\sigma^0_{0824} = \sigma^0_{0824HH} - \sigma^0_{0824VV} \tag{4-24}$$

两个时相间 HH、VV 极化图像后向散射系数的差值，简称异时相同极化差值，公式为

$$\Delta\sigma^0_{HH} = \sigma^0_{0824HH} - \sigma^0_{0528HH} \tag{4-25}$$

$$\Delta\sigma^0_{VV} = \sigma^0_{0824VV} - \sigma^0_{0528VV} \tag{4-26}$$

从各差值图中截取了研究区的部分区域，根据灰度图的像元值大小用彩色表现出来（图 4-21）。

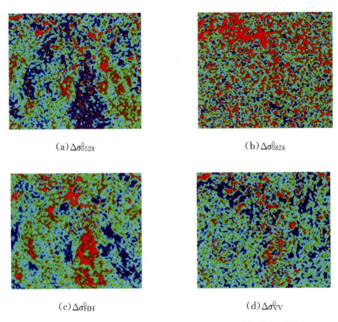

(a)$\Delta\sigma^0_{0528}$　　　　　　　　　　(b)$\Delta\sigma^0_{0824}$

(c)$\Delta\sigma^0_{HH}$　　　　　　　　　　(d)$\Delta\sigma^0_{VV}$

图 4-21　同时相异极化差值图与异时相同极化差值图

图 4-21(a)、(b)分别是团棵期(5 月 28 日)和旺长期(8 月 24 日)HH 极化和 VV 极化的差值图，图 4-21(a)图像的像元值即后向散射系数差值在 1.12～25.95dB 之间。图 4-21(a)、(b)两者相比较，红色区域基本保持不变，而蓝色区域仅有部分得到保持，绝大部分蓝色在图 4-21(b)中改变为其他不同的颜色，图 4-21(b)图像的后向散射系数差值在−14.68～57.93dB 之间，色彩范围分布较广，从而可知，蓝色区域的像元值得到较大幅度的变化。

图 4-21(c)、(d)分别是两个时期(8 月 24 日和 5 月 28 日)的 HH 极化的差值图($HH_{0824}～HH_{0528}$)和 VV 极化的差值图($VV_{0824}～VV_{0528}$)。图 4-21(c)图像的像元值即后向散射系数差值在−21.01～34.55dB 之间，而 VV 极化差值图的像元值即后向散射系数差值范围在−31.47～46.85dB 之间，比 HH 极化差值图的范围更大。由此我们推测，VV 极化差值图能够反映地物时相变化信息比 HH 极化差值图更丰富，或者说 HH 极化对地物的时相信息变化不及 VV 极化敏感。

为了将差值图上的像元信息变化与实际地物相对应，课题组从野外采集的样方数据中得到了 5 类典型地物后向散射系数差值(用平均值表示)，如图 4-22 所示。从图表中可知，各地物在同时相多极化差值上的变化不大，在同极化多时相差值上的起伏则较大。笔者认为，变化较大的同极化多时相差值图更有利于识别不同的目标物。

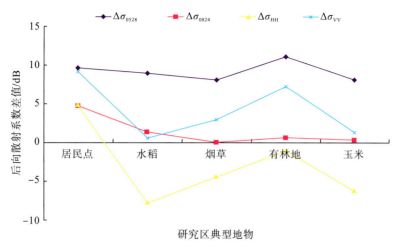

图 4-22　研究区典型地物后向散射系数差值变化图

2) 烟草信息识别及识别后分析

该案例采用上述案例类似的方法进行烟草的识别，唯一变化的地方即采用的数据。该案例采用两个时相的数据作差值图并进行分析，根据所分析的结果采用 $\Delta\sigma^0_{HH}$、$\Delta\sigma^0_{VV}$、$\Delta\sigma^0_{0824}$（R、G、B）三个差值图。分类之后的精度验证方法和样方数据与上述案例一致。唯一不同之处即利用了无人机航拍图作为辅助数据进行精度验证，并且取得了良好的效果。

根据式(4-21)和式(4-22)可以计算出影像分类总精度和烟草识别精度（表 4-19）。由表中数据可知，利用多时相多极化数据进行的烟草识别精是 82.23%，烟草分布如图 4-23 所示。

表 4-19　研究区烟草识别精度评价

类别	TT	TF	FF	FT	分类总精度	烟草识别精度
结果	11.05629	2.38895	21.21919	3.96073	83.56%	82.23%

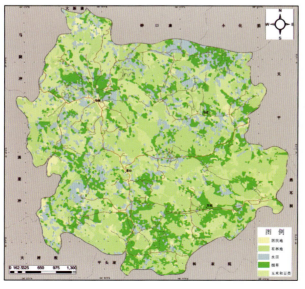

图 4-23　研究区烟草分类结果

　　研究结果表明，该方法的效果比基于雷达数据极化比值识别烟草的精度略好，没有体现较明显的优势。案例采用的两个时相的数据分别是团棵期和成熟期，两个时期内烟草的株型、冠层覆盖率等特征变化较大，这是烟草识别的有利因素。但是效果依然没有得到较好的改善，这说明依然有一些问题的存在，比如，研究区内玉米以及有林地等地物的存在对烟草的识别会有一定的干扰，这是因为玉米的生长周期、散射特性等因素与烟草的类似，以及成熟期的烟叶较高大茂盛，与有林地易混淆；还有，对于其他时相和极化方式组合对烟草识别精度的具体影响目前还不得而知，还需要作进一步的分析和研究。除此之外，研究区石漠化现象以及极少数覆膜烟田的存在对烟草识别的会有一定的影响，这是因为裸露石头存在一定数量的角反射器，会影响周围烟草的后向散射系数，从而影响烟草的识别；地膜覆盖的烟地有较强的反射能力，对烟草的识别会一定的干扰。

　　4. 基于全极化雷达数据的烟草识别与分析

　　前文利用两种方法进行分类后，研究利用在高分辨率航拍图上采集的典型地物的样方数据对分类结果进行验证。两种方法得出的具体数据如表 4-20 所示。

表 4-20　研究区烟草识别精度对比

方法	基于极化比值	基于极化差值
TT	105281.2	11.05629
TF	25473.6	2.38895
FF	214326.2	21.21919
FT	41170.6	3.96073
烟草识别精度	80.52%	82.23%

　　通过采用两种不同方法对研究区烟草进行遥感分类识别的研究发现，在贵州高原山区采用基于雷达数据极化比值和基于雷达数据极化差值进行烟草识别精度都在 80% 左右，分类精度并未达到理想的效果。主要原因有以下两点：①雷达遥感影像的成像方式是相干波成像，图像中有较多的斑点噪声，虽然滤波在一定程度上可以压制噪声的影响，但是同时也失去了一些有效的信息，即使进行了滤波处理也不能完全消除噪声对影像质量的影响，所以，这一原因会影响作物识别精度；②研究区中的玉米和烟草两者典型作物的后向散射系数较为接近，在识别中很难分开，这可能是双极化雷达数据不能解决的，所以选择极化方式较全的雷达数据或许可以解决这一问题，并获得更高的烟草识别精度。因为全极化数据比双极化数据具有更多的极化信息，可以为烟草的识别提供更多的有效信息。

　　1)后向散射系数的提取与分析

　　全极化 Radarsat-2 的运行为试验区地区提供了丰富的雷达遥感数据源。该方法以覆盖研究区三个时相的四极化精细 Radarsat-2 数据为试验数据进行研究区烟草的识别研究工作。为了对雷达影像进行分析和应用，我们在此次研究中运用正射校正、去噪处理、辐射定标等技术对 Radarsat-2 雷达图像数据进行了图像预处理，以减少雷达系统参数及目标地物参数对分类结果影响。雷达图像的预处理，主要运用 ENVI5.0 中的 SARscape 基本模块。SARscape 基本模块功能包括处理机载/星载 SAR 强度和相干数据，包括数据导入工具、多视处理工具、图像配准工具、基本滤波工具、特征提取工具、地理编码辐射定标工具、定标后处理工具(雷达辐射校正)、图像镶嵌、分割工具等。经过 Geocoding and Radiometric Calibration 之后三个时相各极化方式下的后向散射系数统计如图 4-24~图 4-26 所示。

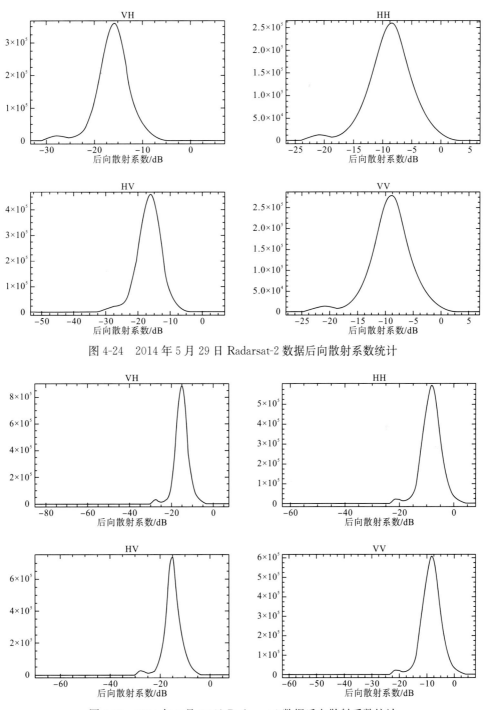

图 4-24　2014 年 5 月 29 日 Radarsat-2 数据后向散射系数统计

图 4-25　2014 年 6 月 29 日 Radarsat-2 数据后向散射系数统计

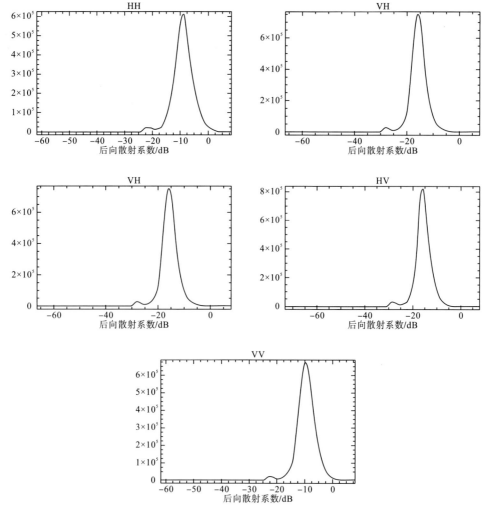

图 4-26　2014 年 8 月 16 日 Radarsat-2 数据后向散射系数统计

　　经过对图 4-24～4-26 的对比分析可以看出，各极化方式下的后向散射系数范围都是 5 月 29 日影像与其他两个时相的差别较大，而 6 月 29 日和 8 月 16 日两个时相的后向散射系数范围几乎没有变化或者变化很小，变化的只是统计结果。从这一结果也不难理解，5 月 29 日这一时相是烟草的团棵期，烟苗较矮小，烟叶叶片也小，大量土壤以及白色薄膜裸露，致使散射率偏大；然而 6 月 29 日和 8 月 16 日两个时相分别处于烟草的旺长期和成熟期，这两个时期共同的特点即是烟株高大，烟叶叶片较宽大，覆盖度良好，散射特性极为相似。我认为这是两时相后向散射系数范围相似的原因。以上是对研究区整体的分析，下面针对烟草进行分析。在研究区内建立 10 个样方（样方具体情况见表 4-7），求得每个样方各极化方式下烟草后向散射系数的平均值（图 4-27 中的编号 11），具体数据用柱状图表示，图 4-28 是各极化方式下样方烟草后向散射系数的平均值。

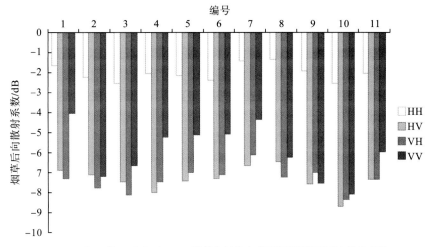

(a)2014 年 5 月 29 日 Radarsat-2 数据各极化方式下烟草团棵期后向散射系数

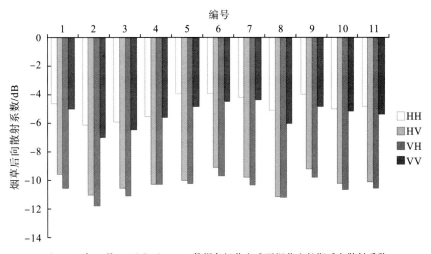

(b)2014 年 6 月 29 日 Radarsat-2 数据各极化方式下烟草生长期后向散射系数

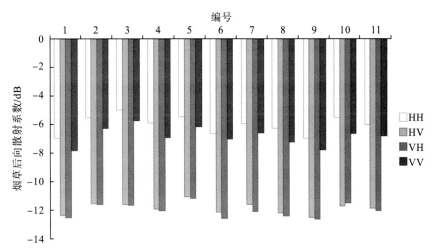

(c)2014 年 8 月 16 日 Radarsat-2 数据各极化方式下烟草成熟期后向散射系数

图 4-27　2014 年烟草旺长周期后向散射系数

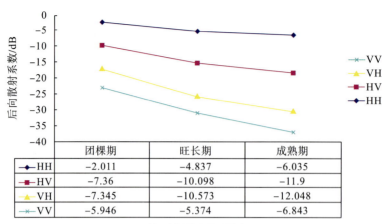

图 4-28　不同极化方式下烟草后向散射系数的平均值

	团棵期	旺长期	成熟期
HH	−2.011	−4.837	−6.035
HV	−7.36	−10.098	−11.9
VH	−7.345	−10.573	−12.048
VV	−5.946	−5.374	−6.843

从图 4-28 我们可以看出，随着烟草的生长，各个极化方式下烟草的后向散射系数呈下降趋势。这一情况的出现是因为随着烟草的不断生长发育，烟株增高，烟叶面积变大，覆盖率增大，散射方向不一，与土壤形成的大量反射器有所差异。所以，随着烟叶的生长，烟叶的后向散射系数呈下降趋势。

2)烟草与其他典型地物差异分析

全极化数据的优势即在于极化方式的齐全，可以提供比较全面的极化信息，在这些信息之间找到目标地物与其他地物的异同，为目标的识别提供有利条件。该方法获取了烟草生长周期中三个重要时期的全极化雷达数据，通过数据处理获得了研究区典型地物的后向散射系数，具体数据详见图 4-29。

通过图 4-29 中数据的比较分析可知，三个时期中，建筑物各个极化方式的后向散射系数几乎没有什么变化，同时在识别过程中也较易分辨，此处不做赘述；烟草和玉米在旺长期 HV 极化下的后向散射系数差异最大，达到了 4.78dB；在旺长期 VH 极化下，烟草与有林地的后向散射系数相差 8.44dB，有利于两者的区分；在成熟期的 VH 极化方式下，烟草和水田的后向散射系数差异最大。

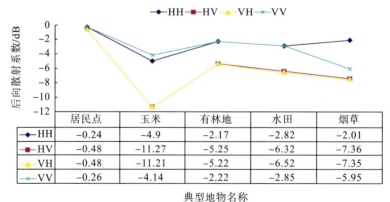

	居民点	玉米	有林地	水田	烟草
HH	−0.24	−4.9	−2.17	−2.82	−2.01
HV	−0.48	−11.27	−5.25	−6.32	−7.36
VH	−0.48	−11.21	−5.22	−6.52	−7.35
VV	−0.26	−4.14	−2.22	−2.85	−5.95

典型地物名称

(a)团棵期

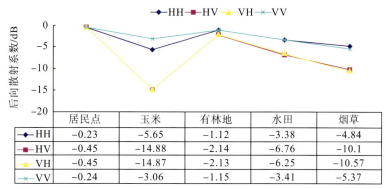

	居民点	玉米	有林地	水田	烟草
HH	−0.23	−5.65	−1.12	−3.38	−4.84
HV	−0.45	−14.88	−2.14	−6.76	−10.1
VH	−0.45	−14.87	−2.13	−6.25	−10.57
VV	−0.24	−3.06	−1.15	−3.41	−5.37

典型地物名称

(b)旺长期

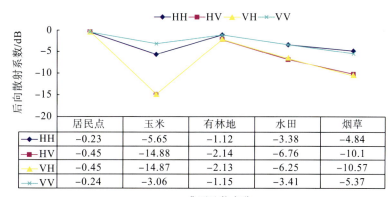

	居民点	玉米	有林地	水田	烟草
HH	−0.23	−5.65	−1.12	−3.38	−4.84
HV	−0.45	−14.88	−2.14	−6.76	−10.1
VH	−0.45	−14.87	−2.13	−6.25	−10.57
VV	−0.24	−3.06	−1.15	−3.41	−5.37

典型地物名称

(c)成熟期

图 4-29　2014 年典型地物后向散射系数

3)烟草信息识别

　　通过上述烟草后向散射系数的变化分析以及烟草与其他地物的差异分析，最终选取旺长期的 HV、VH 极化和成熟期的 VH 极化图像作为该方法的试验数据。因为这三个图像可以较大程度地反映烟草与其他地物的差异，从而能较好地实现烟草信息的识别。即该案例采用了多时相全极化 SAR 数据进行高原山区烟草的识别。全极化数据不仅可以提供丰富的地物信息，同时多时相的 SAR 数据为烟草的识别提供不同时期烟草的相关信息，为烟草信息的提取提供有利条件。案例采用旺长期 HV、VH 极化以及成熟期 VH 极化组合好的影像对研究区烟草进行提取，并采用野外样方精度验证的验证方法。提取之后做一些必要的分类后处理。再根据式(4-21)和式(4-22)以计算出影像分类总精度和烟草识别精度(表 4-21)。

表 4-21　研究区烟草识别精度评价

类别	TT	TF	FF	FT	分类总精度	烟草识别精度
结果	104090.2	19563.3	510326.728	70409.01	84.18%	87.23%

　　通过全极化 SAR 对高原山区烟草的识别效果较理想，其精度可以达到 87.32%，基本满足烟草监测的数据需求。

第 5 章　喀斯特山区烟草遥感估产

5.1　SAR 在估产中的定量监测与方法

SAR 系统诞生以来，在农业领域的应用得到了长足发展。SAR 技术为农业应用提供了与光学传感器完全不同的信息，可以较准确地反映作物的几何结构、含水量、冠层粗糙度、冠层与土壤结构特征的散射信息等。其全天时、全天候的成像能力为农业应用对高重复覆盖率及特定时相遥感数据源的获取提供了保障。对于农作物类型识别、种植面积计算、作物估产、农业灾害损失评估、耕作活动与状态及土壤含水量探测等具有现实意义。对于用作物生长状况的信息为作物遥感估产，特别是在多云多雨地区的农作物产量估测，提供了较好的信息源保障和全天时、全天候的观测手段。

5.1.1　SAR 的特点及优势

1. 全天候、全天时工作

SAR 是采取一种主动遥感的方式，不依赖太阳光，通过自身发射的电磁波进行成像。因此，在有无太阳光照射的情况下，均可昼夜全天时的工作。微波的波长与对大气的散射的大小成反比，一定程度雨区和浓厚云层都能穿透，在任何气候条件下，实现全天时、全天候的工作，对贵州高原山区常年多云雨天气，光学遥感数据不容易获取的地区是很好的选择。

2. 具有穿透地物特性

微波除了能穿云破雾以外，对一些地物，如土壤、岩石、植被、松散沉积物、冰层等，有一定深度的穿透能力。因此，微波不仅可以反映地表的信息，还可以在一定程度上反映地表以下物质的信息(肖洲等，2006)。SAR 信号的穿透深度与雷达波长成正比。一般来说，微波对各种地物的穿透深度因波长和物质的不同存在很大差异，通常情况下波长越长，它的穿透能力就越强。波长较短的微波虽然穿透能力差一些，也能提供可见光或红外不能观测到的信息。目前，航天微波遥感所用微波波段一般是 C 波段为 $3.8 \sim 7.5 \mathrm{cm}$ 和 L 波段为 $15 \sim 30 \mathrm{cm}$，都具有一定穿透能力，故可适用于地质勘探和军事目标探测。

3. 高分辨率、图像信息丰富

SAR 可以获得高分辨率的雷达图像。原因有以下几点。

(1)不同于根据多波长透镜角距离来记录数据的相机、光学扫描仪，雷达是以时间序列来记录数据。成像雷达由于反射和接收信号的延时正比于到目标的距离，因此，只要精确地分辨回波信号的时间关系，即使长距离也能够获得高分辨率的雷达图像。

（2）地物目标对微波的散射性能好，而地球表面自身的微波辐射能小。这种微弱的微波辐射，对雷达系统发射出的雷达波束及回波散射干扰小。

（3）除了个别特定频率的水汽和氧分子的吸收外，微波对大气的吸收与散射均较小，通过大气的衰减量小，长距离也易于获得高分辨率的图像。

SAR 图像信息丰富，可以多角度、多波段、多极化地进行观测以增加信息量，使雷达图像信息丰富，具有相当强的检测和分辨目标的能力。同时雷达的侧视成像使得图像立体感强。这对地形、地貌及地质构造等信息有较强的表现力和较好的探测效果。

5.1.2　SAR 数据源选择

1. ERS 卫星

表 5-1　ERS 主要参数

参数	参数值
工作波段	C(4.20GHz～5.75GHz)
轨道类型	椭圆形太阳同步轨道
轨道高度	780km
半长轴	7153.135km
轨道倾角	98.52°
轨道周期	100.465min
每天运行轨道数	14—1/3
降交点的当地太阳时空	10：30
间分辨率	方位方向<30m，距离方向<26.3m，幅宽 100km

2. ENVISAT 卫星

表 5-2　ENVISAT 主要参数

参数	参数值
轨道类型	近极地太阳同步
极轨高度	768km
重量	8200kg，有效载荷 2000kg
尺寸	长 10m，宽 7m，太阳阵长 24m，宽 5m
重访周期	35d
工作寿命	5～10 年
星载仪器	ASAR(先进的合成孔径雷达) MERIS(中等分辨率成像频谱仪) AASTR(先进的跟踪扫描辐射计) RA-2(雷达高度计) 其他：Michelson 干涉仪 微波辐射计(MWR)等

3. RADARSAT 卫星

1）RADARSAT-1

表 5-3　RADARSAT-1 主要参数

卫星参数	参数值
轨道类型	太阳同步轨道
轨道高度	796km
倾角	98.6°
轨道周期	100.7min
重访周期	24d
每天轨道数	14
卫星过境的当地时间	约为早6点晚6点

2）RADARSAT-2

表 5-4　RADARSAT-2 主要参数

参数	参数值
卫星种类	C 波段 SAR 商用卫星
运行商	加拿大 MDA 公司
发射时间	2007 年 12 月 14 日
轨道类型	太阳同步轨道
轨道高度	798km(赤道上空)
重访周期	24d
轨道周期	100.7min(14 轨/d)
拍摄方向	左右侧视
特征	1 种波束模式；左右侧视缩短了重访时间；丰富的极化信息

4. TerraSAR-X 卫星

表 5-5　TerraSAR-X 主要参数

参数	参数值
卫星种类	高分辨率 X
应用方向	商业 SAR
维护公司	德国 Infoterra GmbH 公司(日本 PASCO 公司)
轨道类型	太阳同步轨道
轨道高度	524.8km
重访周期	11d
轨道周期	94.85min
侧视方向	左右侧视
特点	高分辨率；全天时、全天候；X 波段获取信息

不同的微波波段具有不同的能量，其对作物的监测用途也是不同的。Ku、X、C 和 L 是常用的作物监测微波波段。Ku、X 微波波段主要用途为监测作物长势；C 波段主要用途为作物分类；L 波段主要用途为作物分类、土壤含水量监测。通过比较 ERS-1、ERS-2、RADARSAT-1、RADARSAT-2、ENVISAT 和 Terra SAR-X 等主流雷达数据，综合考虑波段、空间分辨率、极化方式等系统参数与后期推广应用情况，最终选择 3m 分辨率的 Terra SAR-X 雷达数据为研究数据。TerraSAR-X 雷达卫星具有多极化、多入射角和精确的姿态和轨道控制能力，可以进行全天时、全天候的对地观测，并具有一定地表穿透能力，同时还可进行干涉测量和动态目标的监测（倪维平等，2009）。图 5-1 为 TerraSAR-X 卫星烟草生长不同时期监测影像及拍摄时间。

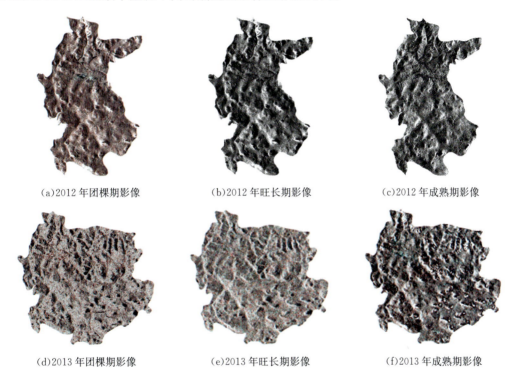

(a)2012 年团棵期影像　　　　　(b)2012 年旺长期影像　　　　　(c)2012 年成熟期影像

(d)2013 年团棵期影像　　　　　(e)2013 年旺长期影像　　　　　(f)2013 年成熟期影像

图 5-1　示范样区烟草种植阶段 TerraSAR-X 微波遥感监测影像

表 5-6　微波影像数据监测情况表

年份	时期	获取时间（北京时间）	极化方式	烟草生长期
	第一期	2012 年 5 月 30 日 06：55：18	HH、VV	还苗期—团棵期
2012 年	第二期	2012 年 7 月 13 日 06：55：18	VV	旺长期
	第三期	2012 年 9 月 10 日 06：55：18	VV	成熟期
	第一期	2013 年 5 月 28 日 18：52：25	HH、VV	还苗期—团棵期
2013 年	第二期	2013 年 7 月 14 日 19：04：03	HH、VV	旺长期
	第三期	2013 年 8 月 24 日 18：52：30	HH、VV	成熟期

5.1.3　SAR 技术在烟草估产中的定量监测

在 SAR 监测与估产中，由样地的单产到研究区整体面积的总产，通过 SAR 影像对烟草种植面积测算是从单产到总产必不可少的一个参量。面积的确定与调控可以有效地控制产量，因而面积的准确程度对烟草决策部门的宏观调控与产量管理具有重要意义。同时，在烟草生长期间，通过实地 GPS 点对点验证与测量对烟草的生长状况、植株状况变化对其生长阶段的影像的宏观监测，再利 SAR 影像数据获取烟草植株生长发育的变化特征，烟草每个生长阶段长势的变化对估产产生影响。因此，实时烟草定量监测不仅为农业生产的宏观管理提供客观依据，可以适时准确大范围的监测，确定烟草种植面积，还为烟草估产提供数据支撑。

1. SAR 监测的原理

SAR 通过发射出微波探测信号，信号发生散射、反射或一定深度的穿透，相互作用在喀斯特地区典型作物之间，之后典型农作物散射或反射回来的微波信号再被接收。由于典型农作物之间作物形态、生长周期、生长环境等因素不同，其通过回收信号所形成的 SAR 遥感影像所包含的信息也不同。这些具有差异性的信号及特征是实现高原山地典型农作物雷达遥感监测的关键因子。烟草种植遥感定量监测主要是运用 SAR 影像数据对烟草关键生长期进行实时监测；同时选择大面积连片种植区建立样方。将 SAR 遥感监测与样方监测相结合，从而实现对烟草整个生长过程的全程监测。在野外监测时布设样方可以把烟草叶片生长信息详细记录下来，野外监测采集数据的时间与卫星过境影像拍摄时间越一致监测效果越好（图 5-2）。通过比较平滑滤波处理的各种算法后，选取最佳滤波方法对原始影像进行滤波处理，并得到研究区滤波后的烟草不同生长时期的 SAR 影像（符勇等，2014b）。将处理之后的影像计算得到研究区内样方里面烟草旺长期、成熟期的 SAR 亮度值。将不同生长期样方内实地监测的烟草叶片生长数据和产量数据与相对应的 SAR 亮度值建立线性回归。从而得到不同生长期烟草的 SAR 遥感监测模型和估产模型，实现通过遥感技术对烟草叶片生长参数的定量监测。

图 5-2　野外参数采集

2. SAR 与地面监测时机的选择

在烟草种植监测时机的选择上，通常考虑以下几个因素：①卫星 SAR 数据与地面农学数据同步获取，主要是指在卫星过境时对地面农学数据采集、采集时间与卫星过境时间同步或准同步；②在烟草生长发育的大田期，尤其是旺长期、成熟期进行监测，这样可以使获取的数据和所构建的产量估测模型更具有普适性；③利于深入挖掘 SAR 数据的科学内涵，采集能够反映采集对象的时空变化数据；④兼顾天气状况，主要是指对不同生长期野外监测的天气要求。综合考虑上述几点要素后，在每个烟草生长发育期内进行了 SAR 数据与地面农学参数准同步的配套监测，以及多次地面农学参数的实时采集。

3. SAR 监测烟草种植面积

测算烟草种植面积是遥感监测与估产中的关键性问题之一，是在单产估算总产情况下的必要参量，面积的确定与调控可以有效地控制产量，因而面积的准确程度对烟草决策部门的宏观调控与产量管理具有重要意义。传统的监督分类方法一般采用的是 K-T 变换或混合像元分解方法。为保证遥感监督分类的准确性，采用传统方法的同时可以采用集中新方法对监督分类的准确性进行校正。①在地理信息系统(GIS)支持下，在对研究区影像进行分类和野外 GPS 调查基础上，建立野外 GPS 调查样方，对研究区内种植烟草的 SAR 遥感影像进行高精度监督分类并进行统计，最后得出烟草的种植面积。②SAR 遥感影像图中的农作物面积提取精度会受到不同地物的影响。正因如此抽样理论和全球定位系统(GPS)得以应用，首先建立样方并在样方内进行样本量测，然后统计出研究区具有代表性的农作物占整个耕地面积的比例，最后对非监测的样本地物进行扣除，进而在处理 SAR 遥感影像时提供准确的参照依据。③为了修正作物面积遥感监督分类结果，选取双重抽样的方法，首先对底层样本中的小地物抽样，利用其样本平均值估测总体，随后计算小地物在作物中的比例来达到修正目的。因为主动式的 SAR 成像技术能提供可见光和红外遥感不能提供的某些信息，并且具有全天候、全天时、高空间分辨率和高灵敏度的成像能力，因此成为进行烟草种植面积调查研究强有力的遥感技术工具。

4. SAR 监测烟草生长状况

从烟草形成产量过程中各阶段的生物学特性中，找出对产量形成有重要影响的因子。影响烟草生长的因子主要有光、水、空气、土壤、生物，这些因子都是受自然与人类共同作用影响的。尽管这些因子千差万别，但最终都表现在植物上。因子适宜、相互协调，则植物生长良好；反之，某种或者几种因子缺乏或过度，植物将生长不良。因此，我们可以利用 SAR 来获取植物冠层参数的特点，用植物本身的参数来表示生长状况。对于烟草而言，其叶片也就是产量，即烟草叶片的数量、质量代表烟草产量的多少。绿色植被的叶面积指数(LAI)是单位面积上所有叶子表面积的总和，或单位面积上所有叶子向下投影的面积总和，是一个重要的结构变量。LAI 可以定量分析地球生态系统能量交换特性，同时也可以用于农作物病虫害评价和产量预估。LAI 过大或者过小时，烟草的产量都不高，因为叶面积偏大会造成田间郁蔽，叶面积偏小则有效的叶片数小，光合作用效率低。因此，监测烟草的长势即叶面积指数对烟草的生长监测和估产都用非常重要的意义。目前大都是采用陆地卫星遥感数据和高分辨率气象遥感数据，研究采用 SAR 监测烟草的长势。对拍摄的 SAR 影像进行处理，烟草的 SAR 影像信息对烟草叶面积指数进行线性回归分析并对其进行反演，建立反演模型对烟草的生长状况进行监测。

5.1.4　SAR 技术在烟草估产中的方法

传统的农业产量预测方法从不同角度来建立作物单产模式(如农学方法、统计方法、气象预报方法等),但各有其局限性(杨争,2012)。SAR 估产方法相对传统估产方式有较大的优越性,SAR 估产在降低工作量的同时还提高了估产精度,被认为是一种快速、客观和廉价的估产方法,在实际应用中显示出了独有的优越性(张艳楠,2010)。在国内外众多遥感估产研究方法中大致分为两大类型,①是采用地面遥感数据的作物估产;②是采用遥感数据的作物估产(张建华,2000)。首先构建作物产量与遥感数据之间关系模型,随后作为输入参量将遥感数据代入这些关系模型中,间接或直接的当做模型中的驱动因子变量,最终实现利用遥感数据进行作物产量的估算。以 SAR 信息为基础而进行作物产量估算的方法有许多种(王学强,2014)。按照遥感参数单独作为估产模型的因子变量简单明了的将其概括性的分为两类:①单纯使用 SAR 参数与作物产量建立起对应关系;②将 SAR 数据与非遥感数据(如温度、水分条件、日照强度等)相结合而构建起估产模型(徐新刚等,2008)。两种方法的实质都是以一定的原理与方法为试验基础,为模型的输入变量选择合适的 SAR 信息,以表征作物在其生长发育过程中及产量形成的驱动因子,单独使用或是同其他非遥感信息相结合,遵循一定准则而构建产量估算模型的过程。

研究以烟草估产建模设计的技术路线为依据,进行模型的建立并以研究区的烟草生长环境、生长参数、SAR 数据信息等为基础。一种方法是基于 SAR 影像信息获取的某一时间段内较大范围作物长势情况,提取出烟草的种植面积,利用烟草长势较为旺盛的旺长期 SAR 影像,监测烟草长势状况叶面积指数(LAI)可对估产模型计算进行修正,在产量确定上具有通用性与良好的解释性。再与烟草生长过程及产量形成相结合,以气候环境条件与土壤养分条件关系为基础,基于 SAR 监测的烟草综合估产模型被建立起来。另一种方法是对雷达遥感影像处理,计算出烟草的 SAR 亮度值,通过烟草的 SAR 亮度值与烟草生物量建立线性回归关系,选出较好的拟合关系建立烟草遥感估产模型。

1. SAR 在估产中的原理

SAR 技术可以在远离目标的情况下(即非直接接触)做到测量、判定和分析目标,任何物体的基本特性都是吸收和反射不同波长的电磁波(阎雨等,2004)。根据生物学原理,遥感估产以分析、收集各种作物的不同光谱特征为基础,记录卫星传感器收集到的地表信息,以此来分辨作物类型、监测作物种植状况,并且在作物收获前对作物产量进行预测。SAR 技术就是以该原理为基础,利用地面上物体的波谱反射和辐射特性,接收搭载在各种遥感平台上的传感器收集到的电磁波,以此来识别地物的状态和类型。高度的概括性是 SAR 数据具有的优越性之一,通过大量研究显示,SAR 数据与作物的生物量、土壤含水量、叶面积指数等存在着较为密切的相关关系。SAR 技术为农业应用提供了与光学传感器完全不同的信息,可以较准确地反映作物的几何结构、含水量、冠层粗糙度、冠层与土壤结构特征的散射信息等。可以将 SAR 技术较好的应用在作物识别、种植面积提取、种植生长状况监测和产量预报。

2. SAR 数据与实测统计

在空间基础框架数据体系下提供的精确作物面积分布数据、野外实测数据和 SAR 数据的支撑下，建立实测作物产量与 SAR 数据之间的线性回归模型。由于作物种植结构、种植制度等因素的影响，基于 SAR 数据的烟草估产中建立不同的估产模型，使 SAR 数据和野外实测数据的关系模型建立的更加合理。野外实测数据是指研究区内实测烟草数据（如叶长、叶宽、叶重、叶片数、株间距、垄间距等），该数据一部分用于建立模型，另一部分作为预留验证数据，验证估产模型精度。

在烟草种植期间，通过实地 GPS 点对点验证与测量对烟草的种植状况、植株状况及其气候变化对其种植阶段的影响的宏观监测，再利用卫星遥感影像数据，获取烟草植叶片的生长状况，烟草的生长状况反映烟草的长势，其变化对估产产生影响。在野外监测时，布设样方可以把烟草叶片生长信息详细记录下来，野外采集数据的时间与卫星过境影像拍摄时间越一致监测效果越好。研究区选择烟草种植连片面积 60hm² 以上的烟田，建立 27m×24m 的样方面积（约为一亩），与雷达数据相元相对应。通过在烟草不同的生长时期对研究区内的烟草定期开展地面调查工作，地面调查时间基本同步于影像获取时间，该调查样地共布设 45 块，为估测模型的精度验证考虑，其中 15 块样地的数据不参与建模。用全球定位系统（GPS）定位每个样方的四至点或在样方中部用 GPS 定位，以保证样方位置准确，同时便于与遥感影像相叠加，在样方内采集烟草鲜质量数据。

3. 模型指标的选取

烟草综合估产模型通过 SAR 影像可获取烟草某一种植阶段的瞬时长势信息，但只通过该阶段的长势信息预测成熟期产量时会出现很大偏差（李卫国，2007）。因为，在预测时段内气候环境条件（温度、土壤肥力状况等）在不断地变化着，对烟草产量的预测有严重的影响。分析烟草种植的适宜性，对烟草的种植环境作出适当的评价。烟草的种植状况对估产也极为重要，代表烟草生长状况的重要指标是叶面积指数，通过对叶面积指数的分析计算，宏观的掌握烟草的生长状况，所以叶面积指数也作为模型的一项重要指标。将 SAR 信息和烟草生理生态过程相结合，才有利于提高烟草估产的准确度。烟草遥感估产模型是遥感直接估测的方法，通过 SAR 数据与作物产量建立对应关系，该模型是建立 SAR 指标与产量之间的相关模式，不去考虑作物产量形成的复杂过程。烟草叶片的重量是必不可少的一项反演所需要的指标，将野外实地考察和 SAR 结合起来，选用烟草不同生育期的 SAR 影像，通过 SAR 影像的处理和计算得出烟草不同时期 SAR 亮度值，利用野外实地考察烟草数据，将烟草生长各个时期的 SAR 亮度值与对应时期烟草鲜重产量建立线性回归耦合关系的估产模型。

5.2 烟草估产模型的建立

5.2.1 监测样区空间数据库建设

地理信息系统（GIS）的发展要求数据库系统不仅能够存储属性数据，而且能够存储空间数据，存储和管理空间数据是 GIS 的核心任务之一。对于空间数据来说，既要存储空间实体的地理位置，还要存储实体之间的拓扑关系。结合清镇烟叶生产实际，本研究建立了以烟草基础地理信息数据为核心的清镇市流长示范区基础地理数据库。

1. 示范区基础地理信息数据类型

数据库严格按照国家基础地理数据库建设相关要求，以 1：10000 和 1：50000 为数据尺度，根据项目需求建立的数据库包括大地测量数据、数据高程模型数据、数字栅格地图数据共三类数据。这些数据分别描述了地貌、水系、居民地、交通等重要基础信息，为以后搭建 GIS 空间数据库打下坚实的数据基础、也为监测烟草生长、遥感面积估产等提供理论依据、最终为将来的建立估产模型提供服务。各类数据举例如下。

大地测量数据：清镇市实测 GPS 数据等。

数据高程模型数据：1：50000DEM 和 1：10000DEM。

数字栅格地图数据：清镇市雷达遥感影像图、清镇市行政区划图等。

2. 数据库平台建设

示范区基础地理信息数据库是以微软公司的 Visual Basic 可视化操作环境，MapObjects 制图控件以及 Microsoft Access 数据库为主要建设平台而建立的，主要包括空间数据库和属性数据库。

1）空间数据库

示范区空间数据库的建立包括三个环节：数据输入、数据编辑和数据预处理。

数据输入有两种方式：数字化和数据转换。本项目中的空间数据主要来自数字化，从基础地理信息中派生或从遥感数据提取得到。数据编辑是发现和修改数据输入的错误。数据预处理解决两个问题：统一图幅投影方式及比例尺和图幅拼接。前者是由于原始图件资料投影方式不同或比例尺不同引起的，后者是由于图幅过大采用分幅数字化而引起的。通过以上操作，建立了研究区域的土地适宜性评价空间数据库，以 Arcview 的 Shapefile 格式存储。

研究区主要空间数据包括：研究区域 1：1 万地形图、1：5 万地形图和 1：1 万数字高程模型。

在明确所需数据的基础上，进行空间数据登记入库之前，需要作如下必要的处理。

（1）数据预处理

图形预处理是为简化数字化工作而按设计要求进行的图层要素整理与筛选过程。预处理按照一定的数字化方法来确定，也是数字化工作的前期准备。图件整理是对收集的图件进行筛选、整理（包括分幅、分层、分专题要素等处理）、命名、编号。

（2）图件数字化

数字化是将纸质或其他介质的模拟地图转换为数字地图的必经之路。ArcMap 系统提供了地图数字化的完整途径。通过数字化与生成新要素，可以实现图形要素的数字化，利用 ArcMap 可以进行各种各样的编辑操作，通过一系列的编辑，可以使数字要素能够更好地表达空间地理实体，进行科学的定量分析和美观的地图表达。经过地图数字化和要素编辑后生成 Shapfile 格式的数据。

在建库的过程中为了保证数据标准的统一，统一采用 1954 年北京坐标系，以保证地物要素的连续；同时，采用统一的编码体系，以避免数据库间、图幅间无法接边的逻辑错误，同时本系统采用两种方式存储这些信息：①按照传统的图形和数据分离的方式，即文件方式。空间数据以 Shapefile 格式存储，Shape 文件的格式为一种简单的、用非拓扑关系形式存储几何位置和地理特征的属性信息的矢量数据格式，地图元素以 X，Y 形式出现，其坐标系是笛卡尔坐标。②采用 SDE(Spatial Database Engine)将非结构化的图形数据和属性数据存储在 Microsoft Access 关系数据库中，具体是将空间实体的空间特征用关系模型表达，制成关系表。由于这些空间特征由点、线、面组成，所以本系统需要将空间特征转化成如下的三种表单：结点关系表、线段关系表和多边形关系表，这样的数据组织便于图形数据和属性数据的一体化管理。

2)属性数据库

空间数据只是表示地理事物的空间位置，完成空间数据库后，就要进行属性数据库的建立。在研究过程中，笔者收集了大量的历史数据，同时在野外作业中，观测和采集了大量区域的信息，如何组织管理这些数据十分重要，因为数据的有效、合理的组织对于管理、分析和保护数据有着重要的作用。

本项目的所有原始属性数据存储在 Microsoft Access 环境中，利用数据录入窗体进行数据的录入和编辑修改，然后可以通过查询功能从原始数据中查询提取所需要的数据。所有原始数据是通过公共字段和相应的空间数据实现动态链接的。

属性数据以 dbf 形式存在，二者之间通过索引关键字进行关联。空间数据和属性数据之间的交互，通过接口调用 Access 语句，查询属性数据库，并在本数据库的用户界面下，显示查询结果。

本数据库操作界面分为 2 个模块：基础信息查询和数据库管理。在此操作界面下，可实现对烟草示范区基础信息和光谱数据的查询及分析，并对数据库做后台管理。

3. 训练场建设与样方监测

训练场地即地物标志或样本。训练场调查十分重要，是借助遥感土地利用现状调查即监督分类的基础。根据对典型地物图像的分析、判读，再结合地形、地质、土壤等的综合分析，最后确定参加分类的训练场的位置和数量，并进行训练场地理坐标编码和登记、建立训练场档案。

1)训练场选择的原则

(1)保证训练场空间定位的准确性。在计算机输入时，空间定位的精确度是十分重要的，选择定位的地形图比例尺应该大一点，以 1∶10000 地形图为宜，比例尺太小会造成失真。

(2)训练场选择以公路沿线为主，要求地类齐全，并充分考虑全市各乡镇均匀分布。根据清镇市流长乡国家现代烟草农业基地实际地理空间位置和分布情况，训练场选择地貌部位为坡腰，其分布特征为烟草种植连片区。

(3)训练场分类采用全国农业区划委员会《土地利用现状调查技术规程》，考虑山区的特点，建立解译标志。烟草训练场是经济作物中较特殊的遥感训练场，面积在示范区的范围内。

2）选择方法

全面采用全球定位系统(GPS)来定位。本项目研究中利用 GPS 对研究示范区内烟草训练场地进行科研考察，一共记录了 36 个训练场地点，顺利完成对示范区烟草训练场地的考察，选点代表性强，GPS 定位比较精确。表 5-7 为部分野外训练场观测记录。

表 5-7　高原山区农情雷达遥感监测关键技术研究与示范野外调查验证表

验证点序号		10	11	12
县(市、区)		清镇市	清镇市	清镇市
乡(镇)、村		流长苗族乡茶山村	流长苗族乡茶山村	流长苗族乡茶山村
小地名		望上坡	望上坡	望上坡
时间		2011.5.28，11：31：38	2011.5.28，11：35：28	2011.5.28，11：58：08
经度		106°13′45″	106°13′45″	106°13′52″
纬度		26°42′28″	26°42′28″	26°42′27″
海拔(m)		1296.83	1297.70	1291.72
地貌类型		溶蚀洼地	溶蚀洼地	溶蚀洼地
地貌部位		坡上	坡腰	坡腰
岩性		三叠系下统茅草铺组白云岩	三叠系下统茅草铺组白云岩	三叠系下统茅草铺组白云岩
地下水类型		碳酸岩裂隙溶洞水	碳酸岩裂隙溶洞水	碳酸岩裂隙溶洞水
地层代号		T1m	T1m	T1m
土壤类型		黄壤	黄壤	黄壤
土地利用类型		旱地	旱地	旱地
水土流失等级		微度	微度	微度
石漠化等级		潜在	潜在	潜在
烟草监测	长势	正常	正常	正常
	墒情	润	润	润
光谱仪测试	编号	turang	yancao	yancao1
	名称	土壤	烟草	烟草
	天气状况	晴	晴	晴
影像建标特征	影像　色彩	灰	灰	灰
	形态　纹理	斑状	斑状	斑状
照片编号		1607～1642	1643～1660	1661～1770
照片拍摄方向		东、南、西、北	东、南、西、北	东、南、西、北

图 5-3 为不同时间段训练场的监测情况，显示了烟草不同生长发育期的长势。

（a）3 月 28 日（育苗期）示范区野外实拍　　　　（b）5 月 28 日（团棵期）示范区野外实拍

（c）7 月 3 日（旺长期）示范区野外　　　　　　（d）9 月 24 日（成熟期）示范区野外实拍

图 5-3　烟草不同生长发育期的长势图

3）训练场光谱监测

本研究针对烟草不同生长期的不同生长特征，在不同的训练场内进行了光谱监测，以对分类识别结果进行验证分析。下图为训练场光谱监测的结果。

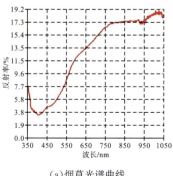

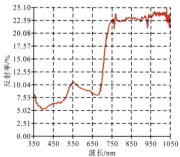

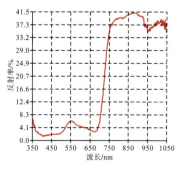

　　（a）烟草光谱曲线　　　　　（b）麦套烟种植下的小麦光谱曲线　　　　　（c）玉米光谱曲线

图 5-4　训练场光谱监测于光谱图

4)样方监测

样方是能够代表训练场信息特征的基本采样单元，用于获取训练场的基本信息。

样方监测原则及方法：

(1)样方设置在训练场内，同时考虑其代表性。

(2)样方的布设采用人工选点，利用卷尺作为基本工具打非闭合导线，样方为正方形，考虑到本项目中的雷达数据空间分辨率为3m，所以样方分30m×30m、15m×15m两种规格，即对应影像上10×10个像元和5×5个像元。

(3)设置过程：由甲、乙两人完成，随机选取较平缓区域，沿着其中一垄拉一条直线(卷尺作为工具)，以15m为例，并数清楚15m内的烟草棵树；接着甲站立不动，乙沿着烟田垄顺时针或逆时针旋转90°，并拉直线绳，在旋转过程中计算清楚共有多少陇，之后再计算样方类烟草量：一垄棵树×垄数。

(4)第一个样方建立后，沿任意方向隔一定距离(原则上间隔距离为遥感影像分辨率10倍以上)设置另一个样方，依次均匀建立样方，样方数为10个左右，如图5-5所示。

(a)1号样方15m×15m　　　　　　　　　(b)2号样方30m×30m

图5-5　样方设置图

5.2.2　基于SAR技术贵州高原山区烟草遥感估产模型的建立

1. SAR亮度值提取

研究通过对比平滑滤波处理的各种算法，选取7×7窗口FROST最佳滤波方法对原始影像进行滤波处理，并得到研究区滤波后的烟草不同生长时期的SAR影像(贾龙浩等，2013)(图5-6)。

(a)旺长期监测影像　　　　　　　　　(b)成熟期监测影像

图5-6　研究区旺长期、成熟期的SAR影像

将滤波后的影像通过式(5-1)计算雷达亮度：

$$\beta^0 = K_s \cdot abs\,(DN)^2 \tag{5-1}$$

式中，β^0 为雷达亮度强度；K_s 为雷达的校准系数，从头文件中读取；DN 为 SAR 滤波后的灰度值；abs 为绝对值。

$$\beta^0_{dB} = 10 \cdot \lg(\beta^0) \tag{5-2}$$

式中，β^0_{dB} 为雷达亮度分贝；β^0 为由公式(5-1)所得 SAR 亮度值。SAR 亮度值有两种类型：一种为分贝类型(β^0_{dB})；另一种为强度类型(β^0)。本书采用分贝类型(β^0_{dB})作为实验数据。

将研究区建立的样方内烟草旺长期、成熟期的雷达遥感影像处理之后得到不同时期烟草的 SAR 亮度值表 5-8。

表 5-8　不同生长期样方内烟草叶片 SAR 亮度值

序号	烟草生长旺长期 HH、VV 极化 SAR 亮度值		烟草生长成熟期 HH、VV 极化 SAR 亮度值	
	HH	VV	HH	VV
1	−5.77	−4.57	−7.98	−9.08
2	−7.55	−6.72	−7.62	−8.23
3	−6.38	−5.13	−7.37	−8.09
4	−6.59	−5.24	−9.65	−10.25
5	−7.04	−5.85	−10.17	−10.83
6	−6.34	−4.81	−9.44	−11.63
7	−7.62	−6.32	−8.61	−8.82
8	−7.32	−6.12	−10.55	−10.39
9	−5.64	−4.97	−8.94	−10.03
10	−6.25	−4.81	−9.75	−10.27

2. SAR 数据与烟草叶片产量相关性分析

在研究区烟草生长的不同时期对烟草定期进行烟草生长状况的地面调查工作，工作开展时间由 2013 年 5 月初至 9 月底结束，共设立 45 块样地，考虑到之后估测模型的精度验证。其中 15 块样地的数据不参与建模，野外样地数据采集时间与影像获取时间基本保持一致。对研究区内建立的其中 30 个样地调查得到旺长期、成熟期研究区样方内烟草叶片数据与不同时期雷达影像处理后的 SAR 亮度值，利用 SPSS19.0 进行相关性分析建立不同时期的关系模型(图 5-7 和图 5-8)。

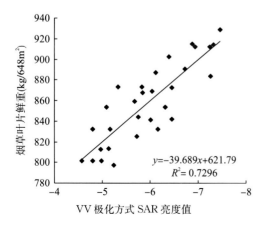
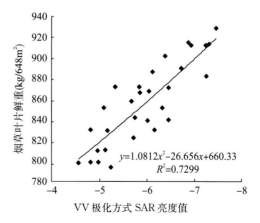

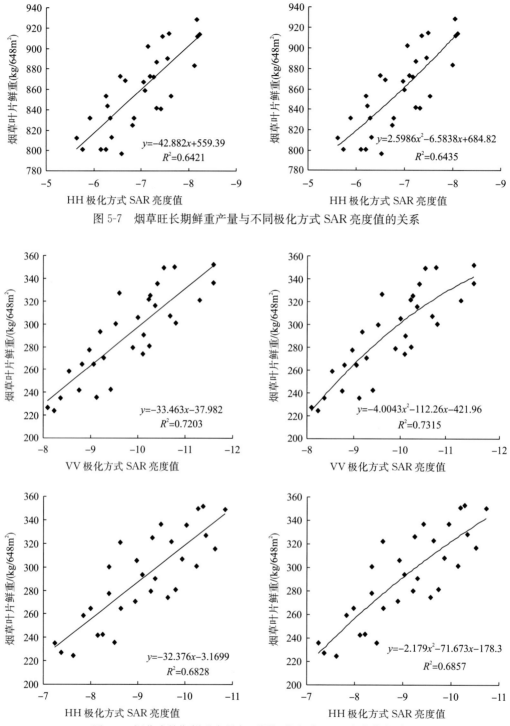

图 5-7　烟草旺长期鲜重产量与不同极化方式 SAR 亮度值的关系

图 5-8　烟草成熟期鲜重产量与不同极化方式 SAR 亮度值的关系

表 5-9 HH、VV 极化方式烟草鲜重关系模型

生长期	极化方式	回归模型	R^2	RMSE
旺长期	HH	$y = -42.882x + 559.39$	0.6421	22.93
	VV	$y = -39.689x + 621.79$	0.7296	19.93
	HH	$y = 2.5986x^2 - 6.5838x + 684.82$	0.6435	22.89
	VV	$y = 1.0812x^2 - 26.656x + 660.33$	0.7299	19.91
成熟期	HH	$y = -32.376x - 3.1699$	0.6828	21.35
	VV	$y = -33.463x - 37.982$	0.7203	20.05
	HH	$y = -2.179x^2 - 71.673x - 178.3$	0.6857	21.26
	VV	$y = -4.0043x^2 - 112.26x - 421.96$	0.7315	19.64

HH、VV 极化方式下烟草 SAR 亮度值与烟草鲜重产量的反演模型都有较好的拟合度，旺长期拟合度分别为 0.642、0.73、0.644、0.73，成熟期拟合度分别为 0.683、0.72、0.686、0.732。通过计算均方根误差用来衡量估测值同真值之间的偏差，VV 极化与 HH 极化相比，VV 极化拟合度大于 HH 极化，均方根误差也要优于 HH 极化，能较好地反映 SAR 亮度值与烟草鲜重产量之间的关系，反演效果最佳。所以，在雷达数据条件允许下，选择 VV 极化方式建立模型。通过对比两种极化方式 HH、VV 烟草不同时期估产模型得出，烟草旺长期最优模型为：$y = 1.0812x^2 - 26.656x + 660.33$；成熟期最优模型为：$y = -4.0043x^2 - 112.26x - 421.96$。

5.2.3 基于 SAR 技术贵州高原山区烟草综合估产模型的建立

以高分辨率 SAR 遥感影像和地面实测数据为基础，利用实测的烟草生长参数叶面积指数(LAI)数据与 SAR 数据进行相关性分析，对烟草叶面积指数进行反演，利用 SAR 技术监测烟草生长参数对烟草产量预测研究方面具有一定的创新性。结合烟叶生长期内的土壤资源条件、气候环境条件等指标，选取土壤 pH 值、降水量等指标组合作为示范区内的烟草估产评价因子。根据各生态因子对烟草生长与品质效应建立各隶属度函数，并将模糊数学法、层次分析法运用于各指标权重的定量计算，建立烟草种植评价指标体系，可以快速准确地对烟草的种植进行科学的综合评价。基于上述分析，采用野外选区调查获取实时数据，内业分析处理数据、建模及检验相结合的研究方法，通过烟草的生长状况参数、叶面积指数、生长环境参数适宜性等建立适用于贵州高原山区的烟草综合估产模型。

1. 叶面积指数的测定和获取

叶面积指数在生态学中是生态系统的一个极为重要的结构参数，它可以反映植物叶面数量、植物群落生命活力、冠层结构变化及其环境效应(原佳佳等，2013)。通常可选取直接和间接方法来进行叶面积指数测量。比较传统而且具有相对破坏性的的方法是直接测定方法。间接方法通过改良后使用光学仪器或一些测量参数得到叶面积指数，破坏性不明显，较直接测定方法更为方便快捷，但其结果仍需要与直接测量方法所得的结果进行对比并校正。直接测量法包括重量比例法、斜点样方法、量测法以及分层收割法

(Watson，1947；陈联裙等，2010)。间接测量法则利用叶面指数仪等各种仪器来测量叶面积指数。遥感技术也是间接测量方法的一种，利用遥感技术测量叶面积指数具有诸多优点，如更新周期短、覆盖面积大、花费人力物力少等。对于贵州高原山区这种特殊地域，由于地貌类型与气候影响，光谱数据难以获取，SAR 不存在这样的问题。由于散射特性随着地物的不同而不同，因此不同地物表现在 SAR 遥感图像上都会出现不同的纹理和不同的亮度(段爱旺，1996；赵小杰等，2001)。通过不受时间、气候影响的 TerraSAR 雷达遥感影像，提取计算 SAR 影像的亮度值，以烟草种植为研究对象，分析建立烟草生长旺长期不同极化组合方式 SAR 亮度值与 LAI 之间的线性回归模型。

为了更丰富、准确地记录烟草生长的信息，在进行野外监测考察时建立样方对烟草的生长信息进行监测和记录。为达到最佳监测效果，野外监测考察时间尽可能与 SAR 影像拍摄的时间保持一致。研究区选择烟草种植连片面积在 60hm² 以上的烟田，建立了 27m×24m 的样方，与雷达数据相元相对应。研究区内共建立 30 个样方，每个样方的四个点分别定位 GPS 或者在样方的中部用 GPS 定位，以保证样方位置的准确，同时便于与遥感影像相叠加，在样方内对烟叶进行叶面积指数采集。

2. 烟草叶面积指数与 SAR 数据反演

烟草生长状况的重要指标可以通过叶面积指数来反映，及时获取烟草叶面积指数就能够准确了解烟草的生长信息。如何及时获得大面积烟草叶面积指数，从而指导烟草生产成为种植决策的重要依据，也是亟待解决的科学问题。由于烟草团棵期叶片较小并且随着打顶采摘不计入烟叶的最终产量，而成熟期烟草叶片较少并且采摘进度不一，烟杆上存在的叶片并不能完全代表烟叶的生长状况。研究试图通过 SAR 遥感数据反演烟草生长旺长期叶片的叶面积指数，旺长期叶片较多并且人为影响因素很小，可以较好地反映烟草的生长状况，从而获取烟草生长状况信息(刘彦等，2010)。以 TerraSAR-X 数据为数据源，选取合适样地，在样地中随机选取 30 个样方，在烟草生长旺长期，利用野外实测叶面积指数值结合 SAR 亮度值，建立一元线性回归模型反演烟草叶面积指数，对不同极化方式进行不同的建模，对比分析模型拟合度和均方根误差选取最优模型，及时预测烟草的生长情况参数和叶面积指数值(图 5-9 和表 5-10)。

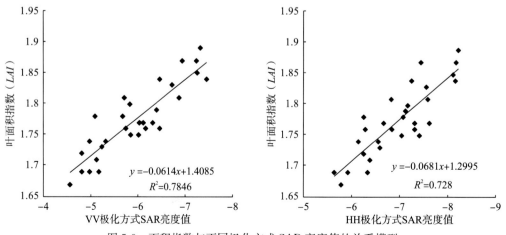

图 5-9　面积指数与不同极化方式 SAR 亮度值的关系模型

表 5-10　不同极化一元线性回归模型建模

极化方式	回归模型	R^2	RMSE
HH	$y = -0.0681x + 1.2995$	0.728	0.03
VV	$y = -0.0614x + 1.4085$	0.7846	0.027

　　HH、VV 极化方式下烟草 SAR 亮度值与烟草叶面积指数的反演模型都有较好的拟合度，拟合度分别为 0.728、0.785。VV 极化与 HH 极化相比，VV 极化拟合度大于 HH 极化，能较好地反映 SAR 亮度值与烟草叶面积指数之间的关系，同时 VV 极化方式均方根误差要小于 HH 极化方式，反演效果最佳。所以，在雷达数据条件允许下，选择 VV 极化方式建立模型。通过对比两种极化方式得出最优模型为：$y = -0.0614x + 1.4085$。

3. 烟草种植适宜性指标体系的选择

　　烟草种植适宜性综合生态条件对烟草种植的适宜程度提供了具体指标，为更为合理地布局烟草种植以及选择适宜的环境条件奠定了坚实的基础，科学地将烟草种植在适宜其生长的地区，并与规范化的栽培技术相结合，有助于大幅度改善烟叶品质，提高优质烟叶产量(王东胜等，2002)。不同的自然条件基础与农业技术使烟株的生长与发育各异，烟叶的产量也会受到影响而存在显著的差异。各环境因素综合作用会对烟草生长发育产生明显的影响，某一因素对烟草生长发育的影响程度与其他因素的变化有密切的联系，因此可以通过影响烟草的生长发育从而影响烟叶的产量。研究针对贵州喀斯特高原山区种植烟草这一特点，对烟草种植的适宜性进行研究，对研究区内烟草生长的土壤环境基础以及气候环境因素进行深入分析调查。同时结合烟草种植土壤、气候条件等信息建立烟草种植适宜性的整体评价指标，确立影响烟草生长的因子的隶属度函数以及权重系数，并以此为基础计算烟草种植适宜性(陈海生等，2009)。

4. 建立烟草综合估产模型

　　经验模型：遵循误差最小原则，将该过程中各参数和变量之间的数学关系式归纳出来。理论模型：以基理论为基础，对某一过程利用数学方法进行深入探究，过程中各有关变量之间的物理数学关系通过基本理论得到(符勇等，2014a)。经验模型根据从实际得到的与过程有关的数据进行数理统计分析，不考虑实际过程的机理。理论模型与其相比具有能反映过程机理的优点，但由于实际的操作具有诸多影响因素过程相对比较复杂，用理论方法描叙缺乏准确性，因此通过将理论模型与经验模型相结合的方式来建立模型。由于遥感信息只能反演出烟草叶片的大小，难以反映气象条件及外界影响因子，但烟草从种植到采摘是一个连续的过程，期间任意一个时期生长有问题都会对最终产量产生影响，因此在估产过程中，为了完善模型，使用烟草的适宜性作为其中一项参数。

$$M = S \times LAI \times m \tag{5-3}$$

式中，M 为烟草综合估产模型对烟叶产量的估测值；LAI 为烟草叶片的生长状况叶面积指数值；S 为烟草种植环境的适宜性；m 为历年样方面积大小内的平均产量。

5.2.4　估产模型验证与优化选择

为验证所建立的烟草产量估测模型的精度，通过野外考察同一时间采样没有参与建模的 15 个样地数据与所建立估产模型计算出的产量进行比较，通过公式(5-4)统计出误差值，对所建立的烟草产量估测模型的精度进行评价(梁天刚等，2009)。

$$RE = \frac{|M_{估测值} - M_{实测值}|}{M_{实测值}} \times 100\% \qquad (5\text{-}4)$$

式中，RE 为相对误差系数，%；$M_{实测值}$ 和 $M_{估测值}$ 分别代表野外实地考察烟草叶片重量和经估产模型反演得到的烟草叶片重量。

表 5-11　烟草叶片遥感估产模型精度评价　　　　　　(单位：kg/648m²)

样方编号	旺长期实测值	旺长期估测值	绝对误差	相对误差	成熟期实测值	成熟期估测值	绝对误差	相对误差
1	821.16	885.24	64.08	7.78	297.84	239.96	57.88	19.43
2	813.44	891.17	77.73	9.53	295.56	324.25	28.69	9.71
3	877.13	933.86	56.73	6.48	271.13	304.44	33.31	12.29
4	830.12	915.92	85.8	10.30	266.68	323.88	57.2	21.45
5	811.49	857.58	46.09	5.67	326.56	374.32	47.76	14.63
6	952.16	1021.57	69.41	7.27	265.72	293.25	27.53	10.36
7	886.15	834.33	51.82	5.86	206.37	222.86	16.49	7.99
8	946.25	859.4	86.85	9.14	217.75	244.79	27.04	12.42
9	903.13	858.71	44.42	4.93	319.87	374.03	54.16	16.93
10	921.98	814.79	107.19	11.59	297.02	328.38	31.36	10.56
11	909.15	978.71	69.56	7.18	304.34	252.27	52.07	17.11
12	976.24	1068.41	92.17	9.07	269.76	307.66	37.9	14.05
13	867.67	908.95	41.28	4.80	314.48	240.2	74.28	23.62
14	794.48	863.86	69.38	8.72	306.52	359.19	52.67	17.18
15	893.72	835.01	58.71	6.56	284.28	319.3	35.02	12.32
平均				7.66				14.67

表 5-12　烟草叶片综合估产模型精度评价

样方编号	实测值/(kg/648m²)	估测值/(kg/648m²)	绝对误差/(kg/648m²)	相对误差系数/%
1	1119	1210.73	91.732	8.20
2	1109	1208.40	99.4	8.96
3	1148.26	1061.80	86.458	7.53
4	1096.8	1156.25	59.448	5.42
5	1138.05	1043.99	94.056	8.26

样方编号	实测值/(kg/648m²)	估测值/(kg/648m²)	绝对误差/(kg/648m²)	相对误差系数/%
6	1217.88	1338.89	121.006	9.94
7	1092.52	1159.00	66.484	6.09
8	1164	1288.43	124.43	10.69
9	1223	1108.02	114.982	9.40
10	1219	1116.07	102.926	8.44
11	1213.49	1391.67	178.184	14.68
12	1246	1187.94	58.058	4.66
13	1182.15	1281.33	99.178	8.39
14	1101	1180.95	79.946	7.26
15	1178	1245.50	67.50	5.73
平均				8.24

统计分析的结果(表 5-11)表明,烟草遥感估产模型不同时期得到的模拟值同实测值之间的相对误差系数,旺长期在 4%~12%之间,平均相对误差系数为 7.66%,模型的总体精度达到 92%;成熟期在 7%~24%之间,平均相对误差系数为 14.94%,模型的总体精度达到 85%。烟草遥感估产模型在旺长期可以达到较高的精度,但在烟草生长的成熟期,模型精度下降。由于在烟草灌层中,进入旺长期,烟草生长的中心从团棵期的地下部分转移到地上部分,茎迅速长高加粗,叶片迅速扩大,总叶面积迅速扩大,散射的贡献也主要来源于烟草冠层与茎秆部分。成熟期之后,烟株现蕾之后,下部叶逐渐衰老,叶片由下而上依次落黄成熟,叶片从下到上逐渐被烟农采摘,散射信息主要是来源于烟草的茎秆和种植地。旺长期雷达 SAR 亮度值能更好地反映烟草叶片的信息,受到外界影响更小,更加稳定,所以在模型的建立中,旺长期精度优于成熟期,VV 极化是垂直波段散射,由于烟叶的生长规则,垂直方向的散射可以更好反映烟叶生长状况,VV 极化方式对烟叶的反应更加敏感,要优于 HH 极化方式。另外烟草叶片采摘进度不一样,不同的样地、不同的栽种时间和人为因素等都会影响模型精度。部分旺长期的叶片还会存在成熟期的影像当中,或者采摘过快导致成熟期影像中烟草叶片过少,所以旺长期模型的整体精度高于成熟期。烟草综合估产模型模拟值同实测值之间的相对误差系数(表 5-12)在 4%~15%之间,平均相对误差系数为 8.24%,模型总体精度达到 91%。该方法野外实测数据是在田间建立的样方中获取的,也受到了人为因素的影响,例如移栽的质量、布苗的间距等,在烟草大田期中,烟地的施肥条件、浇水灌溉条件等不同,都会影响到烟草的生长,在估测烟草的农学参数时多少会产生误差。烟草叶片的产量不像玉米、小麦、水稻等,因为烟草从种植到采摘是分不同的时期时行的,尤其烟叶的采摘,旺长期到成熟期之间烟叶在生长过程中逐次采摘完毕。该期间烟草的生长状况采摘进度都会影响到烟草最终产量,监测与估产也是相同的道理。将理论模型与经验模型二者相结合进行模型的建立,综合估产模型精度相比遥感估产模型最优精度略低一点,但能解决遥感估产模型不同时期精度相差较大的问题,从烟草的生长状况和生长情况多方面地

对烟草产量的影响进行估测,相比较而言,现研究阶段烟草综合估产模型的方法和技术更加可靠稳定一些。

5.3　烟草估产结果评价与分析

(1)在烟草生长旺长期,分析不同极化 HH、VV 的 SAR 亮度值与烟草叶面积指数(LAI)的相关性,构建线性回归模型反演烟草叶面积指数。结果表明:两种极化方式 SAR 亮度与 LAI 都具有较好的拟合度,VV 极化方式下对烟草的反应更敏感,误差系数较小,反演出的模型更加可靠。

(2)通过对研究区内烟草生长环境进行适宜性评价,结果表明烟草生长的适宜性为0.61,属于适合烟草生长的范围。研究将模糊综合评判和隶属函数应用于烟草生长适宜性评价,采用建立隶属函数,对指标进行量化,具有较好的精确性;利用烟草生长适宜性评价中的模糊性特点,将模糊数学应用到烟草种植适宜性评价中;综合考虑了影响烟草生长的气候条件和土壤条件,通过大量数据与多个因子对烟草生长适宜性综合评判,更全面地综合了影响烟草生长的重要因素,提高了综合评判的准确性。

(3)通过 SAR 数据反演出烟草的生长特征参数叶面积指数,利用影响烟草生长环境的土壤因素和气候因素合理评价了烟草种植环境的适宜性,结合烟草的生长状况参数、叶面积指数、生长环境参数适宜性等建立适用于贵州高原山区的烟草综合估产模型精度,其精度达到 91%。研究的野外实测数据是在田间建立的样方中获取的,也受到了人为因素的影响。例如移栽的质量、布苗的间距等,在烟草大田期中,烟地的施肥条件、浇水灌溉条件等不同,都会影响到烟草的生长,在估测烟草生长的农学参数时多少会产生误差。

(4)在烟草产量与 SAR 亮度值回归关系模型中,所构建的回归模型可以较好地表现出线性回归的耦合关系。从建模结果来看,旺长期的模型精度要优于成熟期。两个时期烟草产量估测模型的回归都具有较好的拟合度,但成熟期相关误差要高一些,导致这个结果的原因一方面可能是旺长期的烟株叶片多,相互掩盖,增加了体反射强度,使得反射率增加,所以 SAR 亮度值能够较好地反映叶片的信息。另一方面,由于烟叶采摘的进度不一样,小部分样方内烟叶打叶进度较晚,成熟期影像还存在部分旺长期烟叶。综合各种因素成熟期烟叶估产模型验证误差时较大一些,有待于更加深入的研究与改善。

总体上说,本书中所建立基于 SAR 技术的贵州高原山区的烟草产量估测模型可以满足在贵州高原山区烟草产量的大面积估测,但还需要不断地丰富完善。通过 SAR 技术建立估产模型的方法和技术路线,确保模型更具精度和稳定性,为国家现代烟草农业的实时遥感监测、大范围快速估产提供新的研究思路。同时该方法也可为贵州高原山区其他农作物基于 SAR 技术遥感估产的研究提供参考。

第6章　SAR在其他农业领域中的应用

光学遥感在土地利用变化监测、作物估产、病虫害监测、灌溉安排等农业领域中已有多年的应用，但由于光学遥感受到天气状况的限制较大，其无法在天气条件不好或其他外在因素的影响下获得优质影像。因此光学遥感在精准农业的应用中存在较大缺陷，特别是在多云雾的喀斯特山区，光学遥感的应用受到很大的限制。而合成孔径雷达(SAR)具有全天时全天候等优点，不受云、雾、雨、雪天气影响，能够弥补光学遥感对多云雨雾山区数据获取难和"同物异谱"或"异物同谱"等方面的不足，尤其适用于喀斯特高原山区。

6.1　基于全极化SAR与多光谱的喀斯特山区农村林地提取

林地是全球生物圈中重要的一环，对维系整个地球的生态平衡起着至关重要的作用。预计到2020年，全国林业信息化率将达到80%，森林覆盖率将达23%，其中贵州省森林覆盖率达60%。合成孔径雷达(SAR)对地观测系统具有全天时、全天候等优点，其不受云雾雨雪天气影响，能够规避光学影像在多云雨雾山区数据获取难和植被类型严重的"同谱异物"等问题。喀斯特山区地形复杂，农村地区林地地块破碎，传统的人工统计耗时耗力(廖娟，2016)。因此，为了突破传统研究瓶颈，用全极化SAR与多光谱影像，采用HSV融合技术，再进行图像聚类分割，根据分割阈值面向对象提取不同类型林地，可实现贵州喀斯特山区中农村地区的小斑块破碎林地识别，为森林资源智能监测提供借鉴。

6.1.1　研究区地表覆盖类型概况

清镇市区内地表覆盖类型多样且斑块破碎复杂，森林覆盖率为31.1%。根据《土地利用现状分类》(GB/T21010-2007)中农村土地调查分类标准，清镇市区主要为林地、耕地(主要包括水稻、玉米、烟草)、城镇村及工矿用地、交通运输用地、水域及水利设施用地、其他土地(主要包括裸地)等。其中林地类型包括有林地、灌木林地及其他林地(曾亮，2012)。由于区内其他林地一类地表复杂多样，存在林下种植业、养殖业等多元经济模式，需进一步作详细研究论证，故对于其他林地暂未进行细化分类。

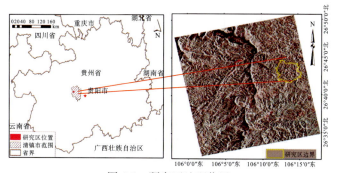

图 6-1　研究区地理位置

6.1.2 SAR 数据源选择与影像融合、分类

1. SAR 数据源选择

研究的实验数据包括遥感数据和实测调查数据，两类数据获取的时相选取要求同步或准同步。由于光学影像光谱信息丰富，对地表植被覆盖较敏感，因此较易区分不同类别林地，但对于多云雨的喀斯特地区经常存在数据不完整的缺陷。SAR 影像的纹理较清晰，多极化比较适合森林资源调查及生态环境监测相关领域的遥感应用(徐培培，2014)，但往往存在相干斑噪声、透视收缩等一系列问题，影响解译精度。因此，为了将两类数据优势互补，将 SPOT 6 多光谱数据(图 6-3a)与 Radarsat-2 全极化 SLC 数据(图 6-3c)相结合，运用 0.5m 分辨率航拍图(图 6-3b)目视解译与野外实地调查交互作业方式实现野外样方的建立。在实测调查数据的获取中，由于研究区地块破碎，结合研究团队的长期监测，采用 GPS 定位样方，建立有林地、灌木林地、其他林地三类林地标准样方各 10个，为后期建立验证样本作参考。验证数据主要是由贵州省林业厅提供的《贵州省 2013年林地年度变更调查成果报告》，研究区航拍图和样方数据结合得到研究区林业资源颁布图(图 6-2)。

图 6-2 研究区林业资源分布图

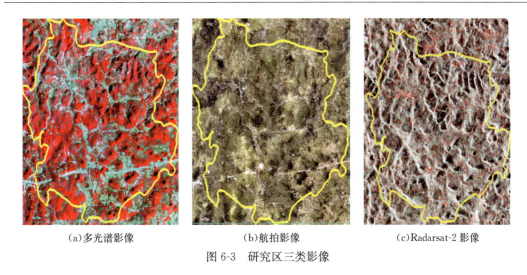

(a)多光谱影像　　　　　　(b)航拍影像　　　　　　(c)Radarsat-2 影像

图 6-3　研究区三类影像

2. 影像的融合与分类

研究的整体思路是基于 SAR 与多光谱的融合技术，选择最合适的 SAR 极化方式，然后基于 K-means 与 EM 聚类分析，找到最适合林地分割的阈值，进一步根据面向对象的分类方法对研究区林地进行提取与分类(图 6-4)。

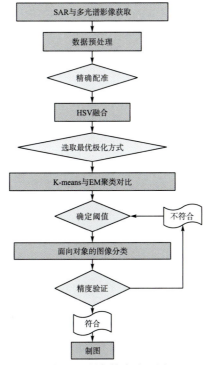

图 6-4　研究技术流程图

1)SAR 预处理方法

SAR 成像方式作为一种主动式遥感成像方式，与光学图像相比，其视觉可读性较差且受到斑点噪声及阴影、透视收缩、迎坡缩短、顶底倒置等几何特征的影响，特别是在山区，受地形影响，雷达图像几何失真较大，SAR 信息处理非常困难。成像雷达的斑点噪声是影响 SAR 图像质量的最重要的因素，对林地特征提取和分类造成障碍。因此需要对获取的雷达影像进行预处理，主要运用 ENVI-SARscape 基本模块，包括：头文件读取、多视处理、地理编码及辐射定标(包括正射纠正、几何较正过程)、滤波。此外，图像融合的关键是融合前两幅图像的精确配准以及处理过程中融合方法的选择(邓书斌，2014)，因此还需要将 SAR 与光学影像进行精确配准。通过雷达影像预处理，减少了斑点噪声、几何形变、阴影的影响，增加有用的解译信息。

2)影像融合与融合图像评价方法

研究采用 HSV 融合方法，首先将 SPOT6 多光谱影像进行彩色变换，分离出色调(H)、饱和度(S)、明度(V)三个分量；然后将分离的 V 分量与雷达影像进行直方图匹配；最后将匹配后的影像与之前分离的 H 和 S 分量进行 HSV 反变换，得到彩色合成影像。

在对图像融合技术进行研究的同时，开展对图像融合效果的客观、定量评价问题的研究是非常重要的。同一融合算法对不同类型的图像融合效果不同；观察者应用方向不同，评价效果也不同；或图像参数不同，评价方法不同，以上三点因素造成当前图像融合效果的评价一直没有得到很好的解决。在许多融合应用中，人眼的视觉特性也是非常重要的考虑因素。然而，人为评价结果受很多主观因素影响，这就需要给出客观的评价方法。通常客观评价方法有基于信息量、统计特征、相关性和梯度值的评价。

平均梯度(AG)反映了图像的清晰程度，同时还反映出图像中微小细节反差和纹理变换特征[式(6-1)]。其中，M、N 为图像的行数和列数，$\Delta x f(i,j)$，$\Delta y f(i,j)$ 分别为像元 (i,j) 在 x、y 方向上的一阶差分。平均梯度越大，图像越清晰，因此用平均梯度来反映融合图像在微小细节表达能力上的差异(骆剑承等，2002)。

$$AG = \frac{1}{M \cdot N} \sum_{i=1}^{M} \sum_{j=1}^{N} \left[\Delta x f^2(i,j) + \Delta y f^2(i,j) \right]^{\frac{1}{2}} \tag{6-1}$$

图像信息熵(H)的含义为图像的平均信息量，其概念是由信息论的著名创始人香农提出的，信息量增加是图像融合最基本的要求，融合图像中的信息熵越大，说明图像中包含的信息越多，融合效果越好。其中，L 为图像总灰度级数，对于 256 灰度等级的图像 $L=256$，p_i 为灰度值为 i 的像素个数与总像素数之比。

$$H = -\sum_{i=0}^{L-1} p_i \log_2(p_i) \tag{6-2}$$

均值是图像中所有像元亮度值的算术平均值，能够反映出地物平均反射强度，其大小决定于一级波谱信息。图像标准差(Std)表示像元与图像平均像元值的离散程度，是反映图像信息大小的重要标志[式(6-3)]，式中 M、N 为图像的行数和列数，$g(i,j)$ 为图像中 (i,j) 位置处像素的灰度值(Macqueen，1967；崔岩梅等，2000；张岩，2014)。

$$Std = \sqrt{\frac{1}{M \cdot N} \sum_{i=0}^{M-1} \sum_{j=0}^{N-1} (g_{i,j} - \bar{g})^2} \tag{6-3}$$

3)分类方法与图像分类精度验证

首先采用非监督分类中的 K 均值与 EM 聚类来确定三类林地特征阈值，然后基于阈值进行面向对象的图像分类。K-均值(K-Means)聚类算法是在 1967 年由麦克奎因首次提出的，它是聚类分析中的一种基本划分式方法，在图像分割中意义重大，其基本思想为随机选择多个初始类簇中心，将每个样本分配到最近的类簇中心所属的集合之中，形成了均值聚类的初始分布(骆剑承等，2002)。EM 聚类算法也叫最大期望算法，它是在概率模型中寻找参数最大似然估计或者最大后验估计的算法。EM 模型首先假设遥感影像数据集由有限个参数化高斯密度分布，根据一定的比例构成，通过迭代计算，得出各密度分布的最大似然参数估计，最后通过密度分布的概率大小来确定类别的归属(张艳宁等，2014)。研究采用了 eCognition 软件面向对象的分类方法，首先进行像素合并和对象分割，通过对影像特征统计，可对小斑块地物分类，通过人机交互建立知识库，自动提取目标，从更多的因素提取地物信息(尹作霞等，2007)。

分类精度计算采用基于像素的混淆矩阵评价方法，被正确分类的像元数目沿着混淆矩阵的对角线分布，总像元数等于所有真实参考源的像元总数。精度验证由制图精度、用户精度和总体精度三部分组成。制图精度表示将整个影像的像元正确分为某一类的像元数(混淆矩阵对角线值)与某一类真实参考总数(混淆矩阵中某一类列的总和)的比率。用户精度指正确分到某一类的像元总数(混淆矩阵对角线值)与将整个影像的像元分为某一类的像元总数(混淆矩阵中某一类行的总和)比率。总体精度表示总体分类精度，等于被正确分类的像元总和除以总像元数，表示涉及所有像素分类的正确性。具体操作方法是首先在 ArcMap10.2 中，在研究区范围内自动生成随机点；基于野外调研的 GPS 定位样方，进行人工筛选解译上述样本点，结合 0.5m 分辨率航拍图和《贵州省 2013 年林地年度变更调查成果报告》(贵州省林业厅，2014)进行样点删除与修正并保存成 SHP 格式的文件输出；最后将样本的点文件导入 eCognition 软件中并转化为参考样本进行精度评价。

6.1.3　图像融合与分类结果评价

1. SAR 后向散射系数与 HSV 融合结果

经过 SAR 图像预处理之后得到 4 幅不同极化方式的图像。根据对 4 种极化方式影像的后向散射系数的提取与统计(图 6-5 和图 6-6)，发现同极化方式(HH、VV)下的回波信号要高于交叉极化方式(HV、VH)。VH 与 VV 极化方式对三类林地的特征区分明显。VV 极化方式中各林地类型之间的后向散射系数差值最大，区分最明显。但总体来看，三类地物特征的边缘不明显，仅仅以雷达后向散射系数作为阈值分类不明显。

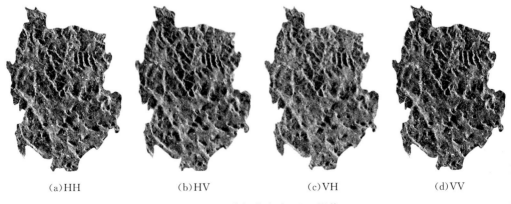

(a)HH　　　　(b)HV　　　　(c)VH　　　　(d)VV

图 6-5　四种极化方式 SAR 影像

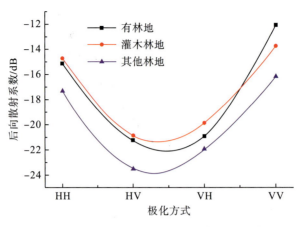

图 6-6   不同林地类型 SAR 后向散射系数统计图

综合数据处理的计算速度与融合效果，研究采用 HSV 变换融合方法，采用 Matlab 软件分析图像。如图 6-7 所示，为不同极化方式下 SAR 与多光谱影像 4，3，2(红外，红，绿)波段 HSV 融合的结果。

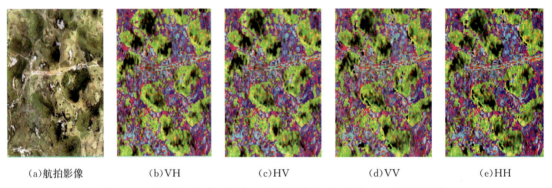

(a)航拍影像   (b)VH   (c)HV   (d)VV   (e)HH

图 6-7   不同极化方式 SAR 与多光谱图像 HSV 融合对比(局部截图)

2. 融合结果评价

1)主观评价

对比 0.5m 航拍影像，目视解译四类 SAR 极化方式的融合结果(图 6-7 和图 6-8)区分不大，HSV 融合方法很好地保留了图像的光谱与纹理信息；而且经过 HSV 融合，SAR 影像的阴影得到一定程度的消除，有助于对地貌(峰丛、峰林等)的恢复；同极化方式下对于融合后山体阴影消除没有交叉极化效果好；对于乔木、灌木覆盖集中的地块边缘识别明显。线性地物(道路)能被识别出基本轮廓，但轮廓识别不连续，这主要是由于喀斯特山区地表复杂，SAR 影像对地表返回的散射信号敏感所致；在雷达影像上，灌木林地通常分布在农村居民点或农田周围，在林地中的小面积建筑物能够区分，对农村居民建筑物等轮廓清晰地物能够得到较好识别，对农田周围的灌木林地也能够基本区分出来；疏林地内树木生长稀疏，和郁闭度较大的有林地和灌木林地相比，其冠层所占比率小，但由于 SAR 与多光谱影像空间分辨率较航拍影像低，因此融合结果在影像上表现出解译山体、林地边缘轮廓较粗糙；石旮旯地且通常零星分布在农田与灌木林地周围，在 SAR 图像中由于受角反射器结构影响返回信号较强，因此，在融合后的明度图中农田与灌木林地中会有明度较高的像元出现，这种像元"异常"解译为石旮旯地。

（a）航拍影像

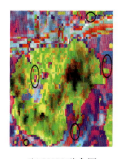

（b）HSV 融合图

（c）saturation—色饱和度

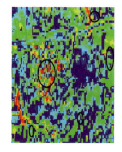

（d）saturation—色饱和度

（e）value—明度

图 6-8　HSV 融合结果对比图（以 HH 极化为例）

2）客观评价

研究运用 Matlab 与 ENVI 软件，选用了平均梯度、信息熵、标准差与均值评价融合图像效果。从表 6-1 中可以看出，基于 HSV 融合方法的融合图像比多光谱与雷达影像都有所提升，HH 极化平均梯度最大，说明 HH 极化方式下图像层次丰富，图像更加清晰，其次是 VV 极化，交叉极化的平均梯度要小于同极化。与原始 SAR 和多光谱图像相比，HSV 融合图像的信息熵、标准差更大，说明通过该方法的融合能够丰富图像的信息，HH 极化方式信息最丰富。从统计特征的均值来看，SAR 数据在影像上表现为后向散射系数，其成像机理不同于光学影像，其均值均为负值。从四种极化方式来看，HH 极化方式下的融合结果平均反射强度更强。

表 6-1　图像评价客观指标

数据类型	波段/极化方式	平均梯度	信息熵	标准差	均值
HSV 融合	HH 极化	15.73	7.40	63.96	97.48
	VV 极化	15.97	6.87	54.33	63.07
	VH 极化	13.74	6.74	53.58	57.38
	HV 极化	13.85	6.75	60.95	57.91
SPOT 6	Blue	0.43	5.10	54.00	370.51
	Green	0.56	4.16	79.68	373.61
	Red	0.21	2.11	110.86	285.83
	NIR	0.33	2.36	156.05	935.13

续表

数据类型	波段/极化方式	平均梯度	信息熵	标准差	均值
	HH 极化	0.59	0.11	2.75	−8.83
Radarsat-2	VV 极化	0.26	0.07	2.53	−8.56
	VH 极化	0.28	0.06	2.37	−15.09
	HV 极化	0.68	0.09	2.38	−14.97

3. 聚类与分类结果及精度验证

对 HH 极化方式下融合后的图像进行 K-Means 与 EM 聚类分析(图 6-9),结合 Matlab 图像处理函数进行编程和多维显示(Macqueen,1967;崔岩梅等,2000;张岩,2014)。从图 6-9 中可以看出,K-Means 聚类与 EM 聚类方法分割类别均为 6 类,可分析出基于 EM 聚类的分割更加细化,分类斑块面积更小,较适合小区域尺度的研究,有助于区分地物特征较相近的三类林地。

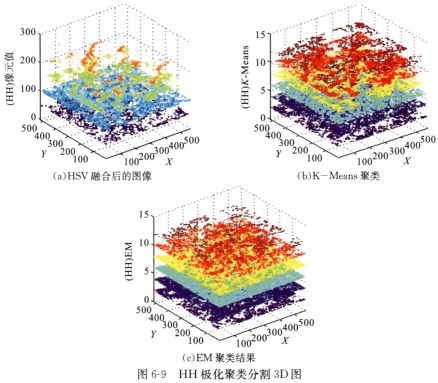

(a)HSV 融合后的图像   (b)K−Means 聚类

(c)EM 聚类结果

图 6-9   HH 极化聚类分割 3D 图

根据野外样方定位信息,分别得到有林地、灌木林地、其他林地三类林地的图像剖面像元分布图、图像直方图和阈值概率统计图,三类林地有明显的特征区分。其中有林地与灌木林地的像元值分布更均匀,像元剖面的图谱分布更加平稳,这主要是由于有林地与灌木林地的郁闭度较高,其统计特征更加明显。通过统计,三类有林地的聚类后像元均值分布为 5.1、5.4、4.9,考虑阈值的相似性,参考航拍图纠正,以像元为中心 ±0.1 作为设置阈值。有林地为 5.0~5.2,灌木林地为 5.3~5.5,其他林地为 4.8~5.0(图 6-10)。

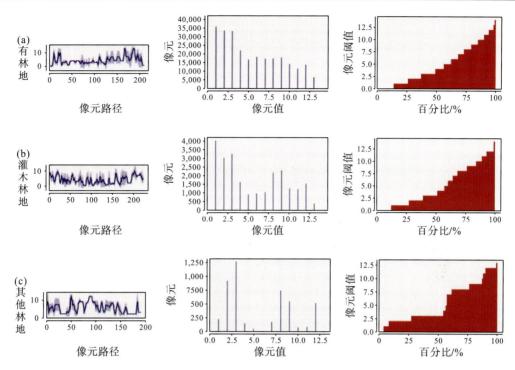

图 6-10   HH 极化－HSV 融合－EM 聚类林地特征参数统计

注：(a)、(b)、(c)从左至右依次为：图像像元剖面，图像直方图，阈值概率统计

选择阈值划分更细化的 EM 聚类分析，根据其阈值，用 eCognition 软件对影像基于分割阈值进行面向对象的林地分类。选择野外采集的样本点和航拍图并结合了贵州省林业厅统计数据，目视解译样本作为评价样本，确定了 700 个参考样本(图 6-11a)，进行基于像素的混淆矩阵分类精度评价。从表 6-2 可以看出，有林地的制图精度最高，其次是其他林地，灌木林地的制图精度相对较低，但也达到了 78.09％。从用户精度来看，三类林地都能达到 80％。总体分类精度能达到 85.71％。综合数据的分析过程，统计结果的误差来源主要和数据空间分辨率、验证数据与实测数据的时间差等有关。首先，目前任何一种遥感技术都不能完全模拟出真实地表的存在状态，因此无论从 SAR 数据的极化方式还是多光谱数据光谱角度来分析，这种来自于遥感数据分辨率的误差必然存在。其次，

表 6-2   林地类别识别精度

类别		参考分类				制图精度	用户精度
		有林地	灌木林地	其他林地	总数		
计算分类	有林地	232	12	4	248	92.80％	93.55％
	灌木林地	6	164	32	202	78.09％	81.19％
	其他林地	12	34	204	250	85.00％	81.60％
	总数	250	210	240	700		
总体精度				85.71％			

虽然林业资源在短时间内变化较小，但因传统的林业统计跨度时间较长，研究未考虑季节变化，必定会造成统计数据与实验结果有所差距。最后通过分类最终输出分类结果并制图(图 6-11b)。

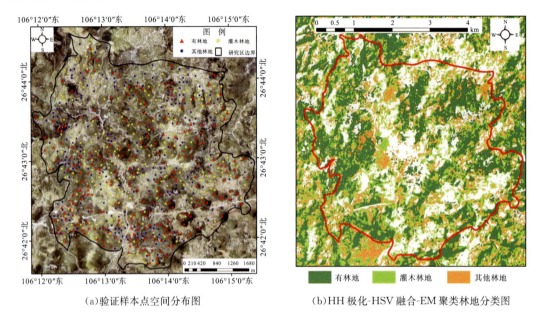

(a)验证样本点空间分布图　　　　　　　(b)HH 极化-HSV 融合-EM 聚类林地分类图

图 6-11　验证样本点空间分布图及 HH 极化－HSV 融合－EM 聚类林地分类图

6.2　基于 SAR 的土地利用光谱分类精度提高

喀斯特是世界、中国西部四大生态环境脆弱带之一，是一种特殊复杂地表形态的脆弱环境，导致区域性生态的劣变，使有效土地资源锐减，生物资源的生存空间丧失。随着遥感技术的迅猛发展，遥感平台运用于喀斯特地区信息提取也逐步开展。传统的手段是在中等分辨率的多光谱遥感影像上，使用目视解译和判断的方法(熊康宁等，2002)，统计不同石漠化程度下多光谱数据各波段像元 DN 值的变化范围，实现了石漠化地区信息提取(陈起伟等，2003；杨尽利等，2013)。但由于受西南喀斯特地区全年多云雨天气条件的限制(袁道先，2008)，光学数据的获取难度大，而 SAR 不受气候影响，可全天时、全天候工作。研究表明，结合光学和 SAR 各自优点，能有效扩大数据所含的有用信息，增强对地物的识别能力(熊康宁等，2002)。将光学与 SAR 进行融合，充分利用 SAR 丰富的结构、纹理等信息，拉大不同地物之间的光谱差异，增强地物之间的可分性。目前，有关 SAR 与光学融合的应用多用于农作物识别、海滨湿地等分类中(贾坤等，2011；丁娅萍等，2014)，还未应用于喀斯特地区的 LUCC 分类中。

6.2.1　研究区土地利用类型概况

依据代表性特征显著为主要原则选取贵州省安顺市平坝县城关镇、夏云镇、十字回族苗族乡为研究区。该区地质构造背景属于黔中地台与黔南凹陷过渡地带，为典型喀斯特高原地貌中的低山丘陵、坝地，主要以峰丛谷地、洼地和峰林谷地、洼地为主，地表形态复杂。气候属亚热带高原季风湿润气候区，年平均气温 14.1°C，年平均降水量 1305.7mm，年平均日照时数 1241.2h，为中国南方典型湿润气候，多云、多雨，光学数据难以获取。研究区内土地利用种类多样，主要可以概括为林地、草地、耕地、水域、道路及建筑用地 6 大类，其中旱地主要分布在洼地、谷地、坝子中，难以大面积集中分布，与草地、林地等交错杂乱分布，出现"插花"现象，代表了贵州喀斯特地区旱地分布的一个典型现状。

6.2.2　SAR 数据源选择与处理

1. SAR 数据源选取

ALOS 是日本的对地观测卫星，主要包括海洋、大气观测以及陆地观测等，为区域环境监测提供土地覆盖图和土地利用分类图，获取的多光谱空间分辨率为 10m，波谱范围为 420~890nm，包括 4 个波段。获取 2010 年 12 月 10 日数据，数据清晰无云，通过大气校正和几何校正进行处理。利用 ENVI 黑暗元法进行大气校正。选取德国发射的 TerrasaR-X 卫星，获取 2011 年 9 月 24 日 HH 极化，分辨率为 2.75mEEC 数据。TerrasaR-X 数据预处理过程主要包括噪声滤波、辐射定标、几何精校正。对原始雷达影像进行不同窗口、不同滤波方法的滤波处理，通过对比各种算法，最后选择 Frost 滤波器 3×3 窗口。利用公式 $\beta_{dB}^{0}=10\times\lg(K_s|DN|^2)+10\times\lg(\sin\theta)$，对 SAR 影像进行辐射定标，定标之后，影像的灰度值就变为后向散射值，其中，K_s 为雷达的校准系数，从头文件中读取；DN 为 SAR 滤波后的灰度值；θ 为入射角。利用 1:1 万的地形图，采取二次多项式模型对影像进行几何精校正。为使 TerrasaR-X 数据与 ALOS 数据精确配准，采用二次多项式的方法，以几何精校正过后的 TerrasaR-X 数据为标准，对 ALOS 数据进行几何精纠正，纠正误差在 0.8 个像元内。

2. SAR 数据处理

1)融合算法
(1)主成分变换法(PC 法)。

PC 法是建立在图像统计特征基础上的多维−线性变换，有方差浓缩、数据压缩的作用。变换后的第一主成分保留总信息量的绝大部分，有利于细部特征的增强和分析(武文波等，2009)。将多光谱的第一主分量与 SAR 进行直方图匹配，用 SAR 图像替换第一主分量，作逆主分量变换得到融合图像。

(2)彩色标准化变换法(Brovey 法)。

彩色标准化融合法是一种分色变换过程，从理论上分析，这种方法能够提高多光谱图像的几何分辨率，并且能够解决变换后颜色的失真问题(瞿继双等，2002)。

(3)彩色空间变换法(IHS 法)。

从多光谱图像中分离出代表空间信息的明度(I)、代表光谱信息的色度(H)和饱和度(S)这 3 个分量；将 SAR 与 I 分量进行直方图匹配，利用 SAR 代替 I 分量，最后进行 IHS 的逆变换，完成图像融合(任琦等，2009)，变换的结果会产生较大的光谱失真。

2)客观评价指标

SAR 与多光谱图像融合效果评价，常用清晰度、光谱逼真度、信息量、纹理信息四大类客观指标进行评价，研究分别选取代表这四类的平均梯度、峰值信噪比、熵、边缘互信息指标。以下公式中，M、N 分别代表图像的行数、列数，$F(i,j)$ 为融合影像在 (i,j) 处的 DN 值(徐赣，2007)。

(1)平均梯度(average gradient，AG)。

平均梯度反映的是图像纹理变化特征与微小细节反差变化的速率，主要用于描述图像的清晰度。融合之后的图像的 AG 越大，图像越清晰，融合效果则越好(蔡怀行等，2011)。平均梯度定义为

$$G = \frac{1}{(M-1)(N-1)} \sum_{i=1}^{M-1} \sum_{j=1}^{N-1} \{[F(i,j)-F(i+1,j)]^2 + [F(i,j)-F(i,j+1)]^2\}^{\frac{1}{2}}$$

(6-4)

(2)峰值信噪比(peak signal noise ratio，PSNR)。

峰值信噪比是衡量描述融合图像和多光谱图像的能量相似程度的指标。噪声是指多光谱图像与融合图像之差。若 PSNR 越大，融合图像的光谱保持特性越好，融合效果越好(阳方林等，2002)。峰值信噪比定义为

$$RMSE = \frac{1}{MN} \sqrt{\sum_{i=1}^{M} \sum_{j=1}^{N} [F(i,j)-X(i,j)]^2}$$

(6-5)

(3)熵(entropy，E)。

描述图像信息丰富程度的一个重要指标是熵，其大小反映图像所包含的信息量的多少。一般情况下，融合图像的熵越大，所包含的信息量越多，融合效果越好(Shi et al.，2005)。图像的熵 H 定义为

$$H = -\sum_{i=0}^{L-1} p(i) \log_2 p(i)$$

(6-6)

式中，L 为图像的灰度级数；$p(i)$ 为灰度值为 i 的像素数 D_i 与图像总像素数 D 之比。

(4)通用图像质量指标(universal image quality index，UIQI)。

UIQI 是用于衡量不同图像之间的总体结构相似性。融合图像与源图像之间的 UIQI 越大，融合图像与源图像的结构相似性越好，融合效果越好(Shi et al.，2005)。源图像 X 和融合图像 F 的 UIQI 定义为

$$Q(X,F) = \frac{4\sigma_{XF}\mu_X\mu_F}{(\sigma_X^2 + \sigma_F^2)(\mu_X^2 + \mu_F^2)}$$

(6-7)

式中，μ_X 和 μ_F 分别为 X 和 F 的均值；σ_X 和 σ_F 分别为 X 和 F 的方差；σ_{XF} 为 X 和 F 的协方差。

3. 分类方法与效果评价

利用监督分类中的支持向量机方法对融合之后的影像进行分类。支持向量机是基于研究小样本情况下机器学习规律的统计学习理论的一种新的机器学习方法，它以结构风险最小化为准则，对实际应用中有限训练样本的问题，表现出很多优于已有方法的性能(唐克等，2010)。利用分类精度与 $Kappa$ 系数对分类结果进行评价。

6.2.3　LUCC 分类结果与评价

1. 融合结果分析

1) 视觉效果比较

参与融合的 ALOS 影像、SAR 影像及融合后的影像如图 6-12～图 6-14 所示。由目视可知，研究区 LUCC 种类丰富，主要有林地、草地、旱地、水域、道路及建筑用地等类型，融合结果均保留了原光学的光谱信息和 SAR 的纹理结构特性，其中 PC 法融合的纹理结构更清晰，能较好描述道路与建筑用地的轮廓，但各类融合影像的光谱保持性差异难以目视判别。

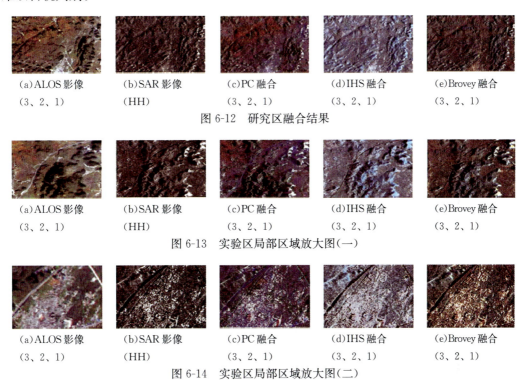

| (a)ALOS 影像 | (b)SAR 影像 | (c)PC 融合 | (d)IHS 融合 | (e)Brovey 融合 |
| (3、2、1) | (HH) | (3、2、1) | (3、2、1) | (3、2、1) |

图 6-12　研究区融合结果

| (a)ALOS 影像 | (b)SAR 影像 | (c)PC 融合 | (d)IHS 融合 | (e)Brovey 融合 |
| (3、2、1) | (HH) | (3、2、1) | (3、2、1) | (3、2、1) |

图 6-13　实验区局部区域放大图(一)

| (a)ALOS 影像 | (b)SAR 影像 | (c)PC 融合 | (d)IHS 融合 | (e)Brovey 融合 |
| (3、2、1) | (HH) | (3、2、1) | (3、2、1) | (3、2、1) |

图 6-14　实验区局部区域放大图(二)

2) 客观分析比较

为了对融合结果进行定量分析，分别从清晰度、信息量、光谱逼真度和纹理信息 4 个角度，利用平均梯度、峰值信噪比、熵、通用图像质量指标参数对融合结果进行定量评价(表 6-3)。

表 6-3　融合结果定量评价分析

融合方法	融合影像分量	平均梯度	熵	信噪比	通用图像质量
	X1	11.598	6.5455		
PC 法	X2	14.155	6.8412	40.1134	0.11974
	X3	17.456	7.1742		

续表

融合方法	融合影像分量	平均梯度	熵	信噪比	通用图像质量
Brovey 法	X1	5.2502	6.0074		
	X2	6.1325	6.1700	40.1117	0.00383
	X3	7.9170	6.4539		
IHS 法	X1	10.898	7.2367		
	X2	12.556	7.3680	40.1106	0.00060
	X3	15.787	7.4151		

在清晰度方面，PC 法融合的效果是最好的，平均梯度最大，这是由于进行多光谱图像的主成分变换，第一主分量用 SAR 图像替换，保持了 SAR 的空间结构，SAR 图像的分辨率较高，在一定程度上提高清晰度，与目视效果相同。而在信息丰富程度上，IHS 法的熵是最高的，说明 IHS 法融合能较好地保持信息量，这是由于代表空间信息的 I 被 SAR 取代，SAR 具有微波特征，能接收在微波段地物的特征，与可见光与近红外波段表现的特征不同，即 SAR 能接收不同于可见光、近红外波段所能提供的某些信息，丰富了空间信息量；其次是 PC 法，第一主成分被 SAR 替换后，融合图像保持了较多 SAR 的空间信息。SAR 本身不具有光谱信息，且与光学影像成像原理完全不同，在光谱特性的保持上，三种融合方法差别不大，而 PC 法仅替代了第一主成分，保留了其他光学成分，保持光谱特性的能力高于 Brovey、IHS 法。结构相似性与纹理保持上，PC 融合的效果是最好的，能较好地保持源图像的结构。

2. 不同融合方法下地物光谱表达

提取 ALOS 与融合之后影像的不同地物光谱曲线，对其进行对比，研讨后向散射数据融合后所含信息量相比多光谱数据的变化，讨论融合是否扩大了不同地物之间的光谱差异。从地物光谱的对比图中可以看出，三种融合效果都在一定程度上丰富多光谱数据的信息量，拉大了地物之间的光谱差异，与客观评价中的结果是相符的。从光谱曲线走势来看，IHS 融合最大地拉开了地物间差异，DN 值的整体范围从 58 到 159，跨度达到了 101，相当于原始多光谱 67，增加了 49.25%。

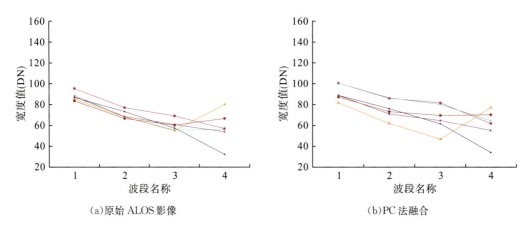

(a)原始 ALOS 影像   (b)PC 法融合

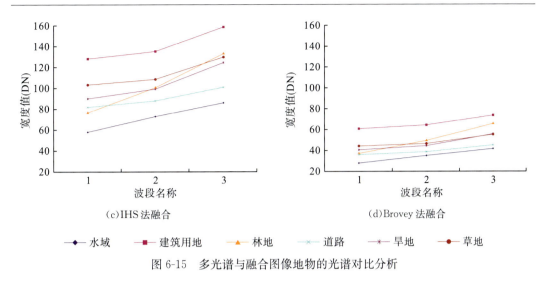

图 6-15　多光谱与融合图像地物的光谱对比分析

ALOS 影像地物在 1～3 波段，DN 值集中在 20 个值中，不利于地物区分，波段 4 地物之间的差异加大，主要由于在水域与林地，水对近红外波段吸收较强，能与植被或是土壤形成较大反差。由于近红外对叶子的细胞壁和细胞空隙折射率不同，林地由高大的乔木或者是茂密的灌丛组成，其植被含水量与细胞结构与草地、旱地中的农作物不同，能在 4 波段形成较大的反射。IHS 融合代表空间信息的明度(I)被 SAR 取代，较大程度上改变了源图像的空间信息，明显提高可见光波段的各地物之间的差异，完全分离了水域与建筑用地。建筑用地能形成多个角反射器，回波较强易识别。一般地，水面、水泥道路属于光滑表面，HH 极化对光滑表面会形成镜面反射，但这里道路由是由水泥道路与土路组成，土路受土壤含水量、粗超度、土壤质地影响不能形成光滑表面，故不能较好区分道路。在多光谱中，草地与旱地较难分辨，融合了 SAR 之后的多光谱数据却能在较明显地区分两者，对于人工种植农作物的旱地而言，具有一定的种植几何形状，特别是在 SAR 的视向与垄的走向不同时，对后向散射回波会很大，同时与光学遥感仅能获得植被冠层光照特点，SAR 具有电磁散射矢量特性和微波穿透性等优势，对植被冠层之下的信息可表达得更准确(王庆等，2012)，且 HH 极化方式具有对植被含水量变化的灵敏性，利用不同植被含水量差异，拉大差异，能较好区分旱地-草地。

Brovey 法融合中各地物的光谱曲线走势与 IHS 法融合基本相同，但是光谱之间的差距小于 IHS 法，DN 值也是最低的。PC 法融合走势与原始 ALOS 影像相似，在一定程度上拉大了地物之间的光谱差异，效果却不明显，较好地保留了除第一主成分之外的原始 ALOS 影像成分，保持了一定光谱特征。

3. 分类结果分析

从图 6-16 和表 6-4 中可看出，对光学与 SAR 数据进行融合，能有效提高不同土地利用类型之间的光谱差异，增强了地物之间的可分性，IHS 法融合分类结果最好，其次为 PC 法融合分类结果，相比原始 ALOS 影像分类，PC 法融合分类精度和 IHS 法融合分类分别提高了 8 个和 13 个百分点，同时，旱地的分类精度也提高了。

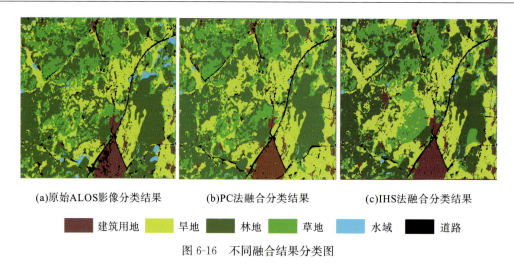

(a)原始ALOS影像分类结果　　　　　(b)PC法融合分类结果　　　　　(c)IHS法融合分类结果

█ 建筑用地　█ 旱地　█ 林地　█ 草地　█ 水域　█ 道路

图 6-16　不同融合结果分类图

表 6-4　分类结果评价分析

分类类型	分类结果		
	旱地分类精度/%	总体分类精度/%	*Kappa* 系数
原始 ALOS 影像分类	70.4151	72.3737	0.6312
PC 法融合分类	79.1426	78.5413	0.6745
IHS 法融合分类	82.0474%	82.4514%	0.7451

　　利用原始 ALOS 影像分类基本能将地物区分，但建筑用地－道路，旱地－草地的区分较差，沿西北－东南走向将部分林地错分为水域，这可能是由于地形的影响，山体使得阴面地物无反射率与水域低反射率相似，但在融合之后的分类中有效地消除原始光学影像山体阴影问题，解决了将林地错分为水域的现象；融合之后提高旱地的分类精度，选择 HH 极化方式，利用 HH 对不同植被含水量的敏感性，区分灌丛、草被、农作物、乔木等不同植被覆盖，从植被覆盖类型以及植被覆盖度的角度出发能较好解决在喀斯特地区识别由于喀斯特地貌大面积初露地表、地块破碎导致旱地"插花"分布的调查困难，提高了旱地－草地－林地的区分度。不同地物信息提取要求不同的融合算法，IHS 法融合可最有效拉开地物之间的光谱差异，而 PC 融合却能更好地保持纹理与结构特征，在光谱特性相似的林地、旱地、草地等土地利用类型可以使用 IHS 法融合，若是形状与结构要求较高的水域、建筑用地或者道路等土地利用类型，可以采取 PC 融合。

6.3　基于 SAR 的耕地土壤剖面含水量反演模型

　　土壤水分是地球生态系统的重要组成部分，也是地表与大气界面的重要状态参数，直接影响着地表热量和水量平衡(姚云军等，2011；李俐等，2015)。在喀斯特石漠化地区，土壤水分是生态恢复与重建的重要基础(李孝良等，2008；王思砚等，2010)。微波遥感具有不受天气和昼夜条件限制的监测能力，对土壤水分高度敏感，故在土壤水分估测中广泛应用(Barrett 等，2009)。探索建立一种基于 SAR 的，适用于石漠化地区的土壤含水量估测方法，能够为喀斯特石漠化地区的生态环境修复和环境质量监测，提供理论支撑和技术方法。

6.3.1　研究区自然概况

花江峡谷位于贵州省西南关岭县与贞丰县交接地带的北盘江花江段，属珠江流域；北盘江在此处切割，形成一宽谷套峡的叠置谷(王腆等，2006)。花江示范区所处经纬度范围为 105°36′30″E～105°46′30″E，25°39′13″N～25°41′00″N，总面积 47.63km²，其中 88.07% 为喀斯特分布区(吴克华等，2009)，地形相对高差达 600m 以上，生态环境脆弱，轻度以上石漠化土地面积和土壤侵蚀面积分别占全区土地面积的 63.2% 和 44.6% (陶玉国等，2005)。坡度大于 25°的土地面积占总面积的 87%，平地面积仅占 2%，地下水埋深 300m 以上，"喀斯特干旱"现象严重(但文红，1999)。示范区属亚热带季风气候区，年均温 18.4℃，年平均降水量 1100mm，但时空分布不均，多暴雨，5～10 月降水量占全年总降水量的 83%。土壤以石灰土为主，土层浅薄且分布不连续，保水性和耐旱性差(熊康宁等，2011)。

6.3.2　数据采集和 SAR 数据选择与处理

1. 实地土壤含水率测定

2016 年 8 月在研究区选取旱地、有林地、疏林地和灌木林地四种主要土地利用类型，共 23 块样地，利用网格法在每块样地中选取 5 个样方，每块样方 6m×6m，并结合实地情况适当对样方面积进行适当调整。土壤水分采用 TDR300 土壤水分测定仪，按照 5cm、10cm、15cm、20cm 不同深度进行测定。同时利用威尔科斯法(环刀法)，按照上述深度进行土样采集，采集后尽快带回实验室利用烘干法(张韬，2011)对土壤质量含水率等指标进行测定，以校正仪器问题所可能产生数据的误差，保证数据的可靠性。

2. SAR 影像数据处理

Sentinel-1 卫星属于欧空局哥白尼计划的地球观测卫星，于 2014 年发射升空，其包含两颗卫星，分别为 Sentinel-1A 和 Sentinel-1B。Sentinel-1 搭载了频率 5.4GHz 的 C 波段的 SAR 传感器。其数据获取方式分为条带模式、干涉宽幅模式、波模式以及超宽幅模式四种。本研究影像数据选取 2016 年 8 月 7 日的 Sentinel-1A 干涉宽幅模式(interferometric wide，IW)下的 S-1TOPS－mode GRD 双极化(VH 极化、VV 极化)影像，波段为 C 波段，幅宽达 250km，影像分辨率 5×20m，重访周期为 12 天。GRD 产品包含有经过多视处理、采用 WGS84 椭球投影至地距的聚焦数据，因此地距坐标是斜距坐标投影至地球椭球后的成果。利用 ESA 发布的 S1Toolbox 对 SAR 影像进行预处理和 DN 值(后向散射系数)的提取(如图 6-17a)。影像处理的具体过程如下。

(1)辐射校正。雷达传感器测量的是发射脉冲和接收信号强度的比，这个比值称为后向散射系数。由于外界环境影响，数据获取和传输系统会产生系统性的、随机的辐射失真或畸变。对后向散射系数进行辐射定标后，可消除传感器和接受模式产生的辐射失真或畸变的影响(图 6-17b)。

(2)地形校正。由于 SAR 影像具有透视收缩、顶点位移、叠掩和阴影等特征，SAR 地形校正的目的是基于传感器模型和 DEM 数据，将雷达图像从原始传感器坐标投影到地图坐标系统，同时对雷达图像中普遍存在的地形进行校正，从而还原真实的地形信息。研究区影像采用 Rang-Doppler 地形校正模型进行校正，其中 DEM 模型选择 SRTM 3Sec，软件可自行下载瓦片数据，且 DEM 和图像重采样方法均默认为双线性插值法(图 6-17c)。

(3)滤波处理。由于成像雷达发射的是纯相干波，这种信号照射目标时，目标的随机散射信号与发射信号的干涉产生斑点噪声，使图像的像素灰度值剧烈变化，模糊了图像的精细结构，降低了图像解译能力。本书对 Sentinel-1A 影像的滤波处理采用增强型 Lee 滤波器，其由 Lee 滤波器改进而来，可以在保持雷达图像纹理信息的同时减少斑点噪声(图 6-17d)。

(4)对滤波处理后的影像进行 DN 值的提取(图 6-17e)。

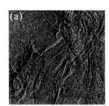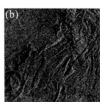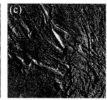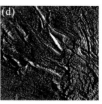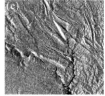

图 6-17　影像处理流程图

为获取研究区地表植被覆盖度数据，作者同时下载了对应时期的 Landsat-8 多光谱影像数据，对多光谱影像进行辐射定标后利用 ENVI 5.3Flaash 模型进行大气校正，然后通过波段计算器计算 NDVI。最后将两种影像数据转换到同一坐标系下。

3. 土壤后向散射系数提取

水云模型由于形式简单，模型参数易获得，因此利用水云模型对土壤后向散射系数进行提取。模型表达式(Attema et al.，1978)如下：

$$
\begin{aligned}
\sigma^{\circ} &= \sigma^{\circ}_{\mathrm{veg}} + \lambda^2 \cdot \sigma^{\circ}_{\mathrm{soil}} \\
\sigma^{\circ}_{\mathrm{veg}} &= A\, m_{\mathrm{v}} \cos\theta (1 - \lambda^2) \\
\lambda^2 &= \exp(-2B\, m_{\mathrm{v}} \sec\theta) \\
m_{\mathrm{v}} &= 1.9134\, \mathrm{NDVI}^2 - 0.3215 \mathrm{NDVI}
\end{aligned}
\tag{6-8}
$$

式中，σ° 为后向散射系数；$\sigma^{\circ}_{\mathrm{veg}}$ 为植被散射系数；λ^2 为植被双层衰减因子；θ 为雷达入射角；A，B 为经验常数，其取决于植被类型和电磁波频率；m_{v} 为植被含水率，可由经验模型进行计算获得(Jackson et al.，1991)。研究区内的土地利用类型主要分为有林地、旱地、疏林地和灌木林地，且地形破碎，石漠化程度较重，地表环境复杂。难以对植被参数进行实测，故采用 Bindlish 等(2001)研究中的水云模型参数，选择综合方式，取 $A=0.0012$，$B=0.091$，从而计算土壤后向散射系数。

6.3.3　土壤含水率反演结果与分析

1. 不同极化方式对土壤水分敏感度分析

对提取的 VH 和 VV 极化下的土壤后向散射系数进行运算可获得 VH/VV 和 VH－VV 极化下的土壤后向散射系数。同时结合辅助变量 NDVI，对植被复杂区域的土壤水分值进行修正。将不同土地利用类型下的土壤后向散射系数与土壤含水率进行拟合分析可知：旱地土壤含水率与土壤后向散射系数的相关性，在不同极化方式下具有较大差异（图 6-18）。旱地土壤含水率与土壤后向散射系数在 VH 极化下的拟合度为 0.7。而在 VV 和 VV 极化＋NDVI 方式下，可分别上升至 0.93 和 0.92。且在 VH－VV 极化、VH/VV 极化、VH 极化＋NDVI 方式下，显著低于 VV 极化。有林地土壤含水率与土壤后向散射系数间的拟合度在同极化方式下高于交叉极化。在 VV 极化和 VV 极化＋NDVI 方式下，两者的拟合度分别达 0.94 和 0.93，高于 VH 极化、VH 极化＋NDVI 下的 0.89 和 0.9，而 VH/VV 和 VH－VV 极化方式下的拟合度更低(图 6-18a)。

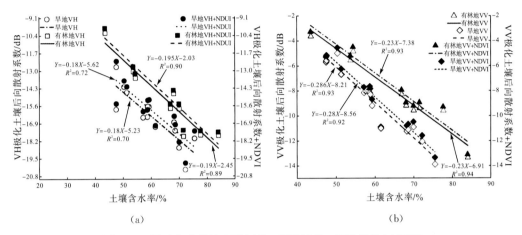

图 6-18　旱地和有林地 VH 极化、VV 极化、VH 极化＋NDVI、
VV 极化＋NDVI 下土壤后向散射系数与土壤含水率拟合图

　　如图 6-19b，在 VH 极化方式下，疏林地土壤含水率与土壤后向散射系数间的拟合度达 0.68，在 VH 极化＋NDVI 方式下上升至 0.70。而在 VV 极化和 VV 极化＋NDVI 方式下的拟合度较差(图 6-20a)。同样在 VH/VV 和 VH－VV 极化方式下，拟合度也不理想(图 6-19b)。表明在喀斯特石漠化地区，交叉极化方式对低植被覆盖度区域的土壤含水率的敏感度高于其他极化方式，其中 VH 极化＋NDVI 方式最为理想。

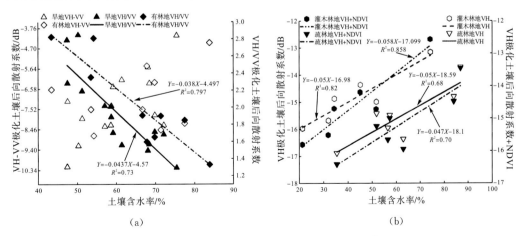

图 6-19　旱地、有林地 VH－VV、VH/VV 极化和灌木林地、
疏林地 VH 极化、VH 极化＋NDVI 土壤后向散射系数与土壤含水率拟合

　　灌木林地的地表土壤含水率和不同极化方式下的土壤后向散射系数间的关系，与疏林地类似。如图 6-19b，灌木林地土壤含水率与土壤后向散射系数间的拟合度，在 VH 极化和 VH 极化＋NDVI 方式下较高，分别达 0.82 和 0.86。而其他极化方式下，两者的相关性不明显，拟合度差（图 6-20）。表明在喀斯特石漠化地区，交叉极化方式除了对低植被覆盖度区域的土壤含水率敏感外，对灌木林地土壤含水率的敏感度也较好，并且在结合 NDVI 的基础上最为理想。可有效反映出地表土壤含水率与土壤后向散射系数间的关系。

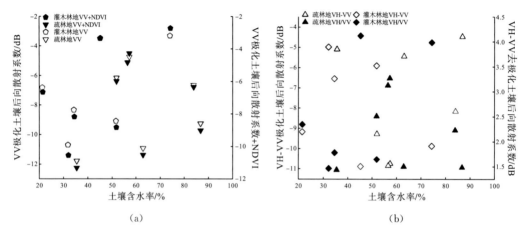

图 6-20　灌木林地和疏林地 VV、VH－VV、VH/VV 极化、
VV 极化＋NDVI 方式下土壤后向散射系数与土壤含水率拟合图

　　综上所述，植被覆盖度高的有林地受植被冠层双向散射的影响，土壤后向散射系数受到显著的削弱作用。而旱地中的作物主要为玉米，玉米植株较高，叶面面积大，对雷达信号的削弱作用也较强。因此穿透力较强的 VV 极化方式适用于有林地和旱地土壤含水率的反演。疏林地和灌木林地的郁闭度较低，植被低矮，对雷达信号的削弱作用较弱。因此 VH 极化方式能够很好地反映出土壤含水率的状况，并且结合 NDVI 能够使雷达信号对土壤含水率的敏感度得到显著提升。不同极化方式对各土地利用类型土壤水分的拟合优度关系如表 6-5 所示。

表 6-5　不同极化方式对各土地利用类型土壤水分的拟合优度（R^2）

VH/VV	VH	VV	VH+NDVI	VV+NDVI	VH－VV
旱地	0.7	0.93	0.72	0.92	/
有林地	0.89	0.94	0.9	0.93	/
疏林地	0.68	/	0.7	/	/
灌木林地	0.82	/	0.858	/	/

　　2.　土壤含水率曲线估计

　　根据不同极化方式下的土壤后向散射系数与土壤含水率的敏感度，选取敏感度较高的 VH 极化、VV 极化、VH 极化＋NDVI 和 VV 极化＋NDVI 方式下的土壤后向散射系数，对土壤水进行反演，并比较不同模型和极化方式下的反演效果，得到最佳的土壤水反演方式。由于不同极化下的土壤后向散射系数与土壤含水率在线性、二次曲线、三次曲线、指数和 logistic 模型下的拟合度最优，故对不同土地利用类型下的土壤含水率反演过程中，选取上述模型进行分析。

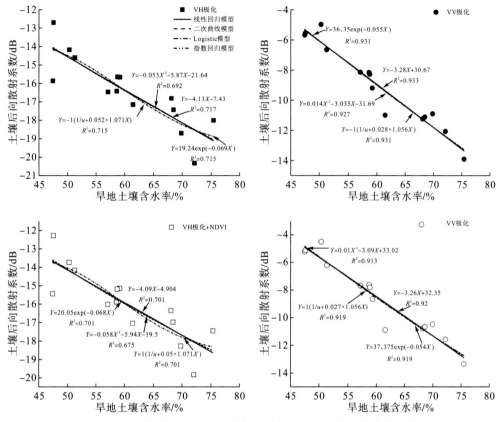

图 6-21　不同极化下土壤后向散射系数与旱地土壤含水率曲线估计图

如图 6-21，研究区旱地土壤含水率与土壤后向散射系数，在 VH 极化下的模型拟合度均低于 0.72，拟合效果低于 VV 极化下的各模型拟合度。在 VV 极化下，线性拟合度最高，R^2 可达 0.933，二次曲线模型和指数与 logistic 模型的拟合度略低于线性回归模型，R^2 分别为 0.927、0.933 和 0.933。在 VH 极化＋NDVI 方式下，土壤后向散射系数与土壤含水率的拟合度不理想，R^2 最高仅 0.701。而 VV 极化＋NDVI 方式下的土壤后向散射系数与土壤含水率的拟合中，线性回归模型与其他三种模型相近，R^2 范围为 0.913～0.92。故在旱地的土壤含水率反演过程中，应选择 VV 和 VV 极化＋NDVI 方式进行反演。

有林地土壤含水率与 VV 极化和 VV 极化＋NDVI 方式的拟合度总体上优于 VH 极化和 VH 极化＋NDVI 方式（图 6-22）。且在 VV 极化和 VV 极化＋NDVI 方式下，拟合度最优的模型为二次曲线模型，R^2 均达 0.944，且高于其他模型的 R^2（0.909～0.936）。在 VH 极化和 VH 极化＋NDVI 方式下，各模型的拟合度也较为理想（R^2 范围为 0.871～0.924），但低于 VV 极化和 VV 极化＋NDVI 方式。故在有林地的土壤含水率反演过程中，应选取 VH 极化和 VH 极化＋NDVI 方式下的土壤后向散射系数进行反演。

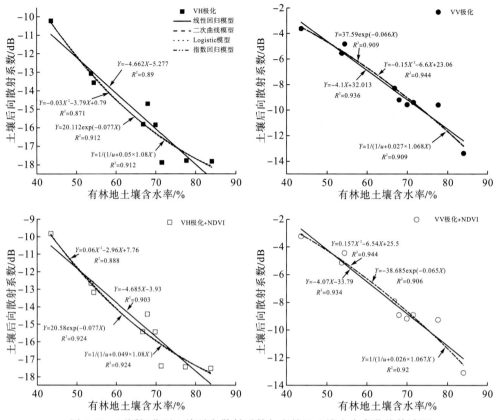

图 6-22　不同极化下土壤后向散射系数与有林地土壤含水率曲线估计图

如图 6-23 所示，疏林地土壤含水率和土壤后向散射系数间的拟合度，在 VH 极化＋NDVI 中的线性回归模型下最高，R^2 为 0.701，其他模型拟合度范围仅 0.629～0.65。在 VH 极化方式下，线性回归模型也是最优的拟合方式，R^2 为 0.685。在 VV 极化和 VV 极化＋NDVI 方式下，三次曲线模型的拟合度优于其他模型，但拟合度分别仅 0.646 和 0.56。因此在疏林地的土壤含水率反演中，应选择 VH 和 VH 极化方式下的土壤后向散射系数。

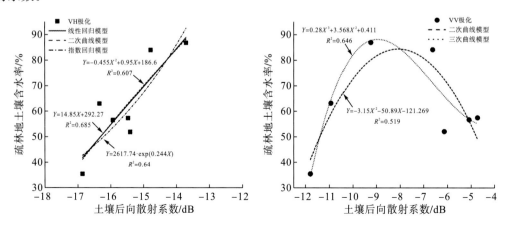

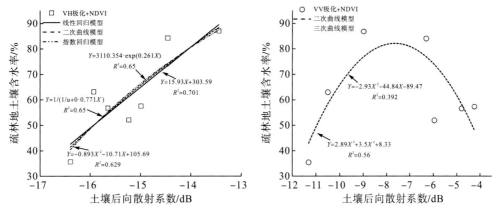

图 6-23　不同极化下土壤后向散射系数与疏林地土壤含水率曲线估计图

灌木林地的土壤含水率与土壤后向散射系数的拟合优度，在 VH 极化和 VH 极化＋NDVI 方式下，远高于 VV 极化和 VV 极化＋NDVI 方式（图 6-24），且线性回归模型的拟合度在 VH 极化和 VH 极化＋NDVI 方式下最高，R^2 分别为 0.817 和 0.858，而其他模型的 R^2 范围为 0.773～0.81。在 VV 极化和 VV 极化＋NDVI 方式下，土壤后向散射系数与土壤含水率的 R^2 最高仅 0.203。故在灌木林地土壤含水率的反演过程中，选择 VH 极化和 VH 极化＋NDVI 方式最适宜。

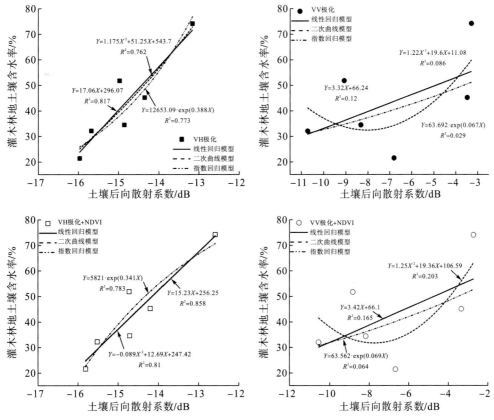

图 6-24　不同极化下土壤后向散射系数与疏林地土壤含水率曲线估计图

　　综上所述，适合旱地和有林地土壤水分反演的模型为 VV 极化和 VV 极化＋NDVI 下的线性、二次曲线和指数模型。而 VH 极化和 VH 极化＋NDVI 下的线性、二次曲线和指数模型更适合疏林地和灌木林地的反演(表 6-6)。Logistic 模型虽然拟合度较高，但由于误差较大，不适宜土壤水分的反演。因此结合线性、二次曲线和指数模型，对四种土地利用类型的土壤水分进行反演和精度验证，从而找出最优反演方式。

表 6-6　不同极化方式下各土地利用类型土壤水分的曲线估计优度(R^2)

	线性回归模型	二次曲线模型	三次曲线模型	Logistic 模型	指数模型
旱地 VH	0.717	0.692	/	0.715	0.715
旱地 VV	0.933	0.927	/	0.931	0.931
旱地 VH＋NDVI	0.701	0.675	/	0.701	0.701
旱地 VV＋NDVI	0.92	0.913	/	0.919	0.919
有林地 VH	0.889	0.871	/	0.912	0.912
有林地 VV	0.936	0.944	/	0.909	0.909
有林地 VH＋NDVI	0.903	0.888	/	0.924	0.924
有林地 VV＋NDVI	0.934	0.944	/	0.906	0.906
疏林地 VH	0.685	0.607	/	/	0.64
疏林地 VV	0.173	0.519	0.646	/	/
疏林地 VH＋NDVI	0.701	0.629	/	/	0.65
疏林地 VV＋NDVI	0.178	0.392	0.56	/	/
灌木林地 VH	0.817	0.762	/	/	0.773
灌木林地 VV	0.12	/	/	/	0.029
灌木林地 VH＋NDVI	0.858	0.81	/	/	0.783
灌木林地 VV＋NDVI	0.165	0.203	/	/	0.064

3. 土壤含水率反演结果与精度验证

　　对预测值和实测值进行对比分析可知，旱地土壤含水率在 VV 极化下的预测值与实测值更为接近(图 6-25a)，而 VV 极化＋NDVI 下的预测值较实测值偏高。在 VV 极化＋NDVI 下，反演精度最高的模型是二次曲线模型，预测值与真实值相差 0.231，RMSE 为 2.2151%，低于其他模型。有林地的土壤含水率在 VV 极化下的反演结果(图 6-25b)，总体上优于 VV 极化＋NDVI 方式，且反演精度最高的模型为二次曲线模型，预测值与真实值相差仅 0.00517，且 RMSE 为 2.4538%。疏林地各极化方式下的预测值差异并不明显，总体上 VH 极化＋NDVI 的反演精度略高于 VH 极化方式(图 6-25c)。VH 极化＋NDVI 方式更适合疏林地土壤含水率的反演，且在二次模型下的 RMSE 最低，可达到最优反演结果。在 VH 极化下，灌木林地的各模型土壤含水率反演精度差异较小(图 6-25d)。而在 VH 极化＋NDVI 下各模型的反演精度差异较大，其中二次曲线模型反演最优，预测值与真实值相差仅 0.0867，RMSE 为 5.70343%。

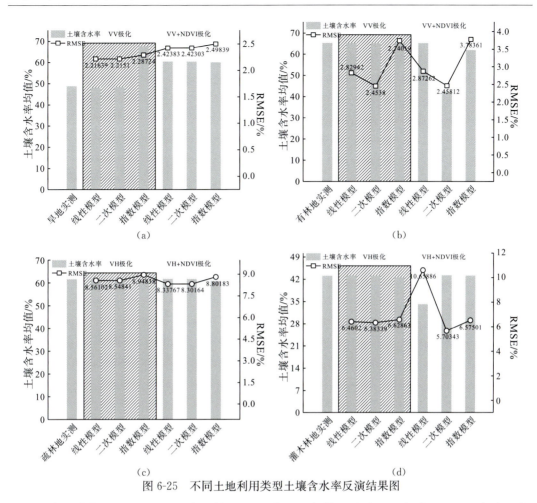

图 6-25　不同土地利用类型土壤含水率反演结果图

　　结合拟合优度和 RMSE 的分析结果，对旱地和有林地选取 VV 极化＋NDVI 方式下的二次曲线模型，对灌木林地和疏林地采用 VH 极化＋NDVI 方式下的二次曲线模型进行土壤含水率的估测，得出研究区不同土地利用类型的土壤含水率反演图如图 6-26 所示。

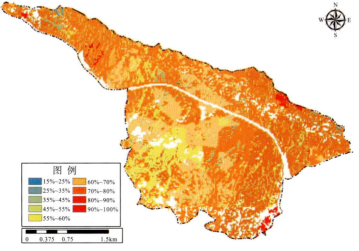

图 6-26　研究区最优反演方式土壤含水率估测图

参 考 文 献

蔡怀行，雷宏，2011. SAR 与可见光图像融合效果客观评价[J]. 科学技术与工程，11（15）：3456-3461.

曾江源，李震，陈权，等，2012. SAR 土壤水分反演中的介电常数实部简化模型[J]. 红外与毫米波学报，31（6）：556-562.

曾亮，2012. 多波段多极化 SAR 图像融合解译研究[D]. 杭州：杭州电子科技大学.

曾旭婧，邢艳秋，单炜，等，2017. 基于 Sentinel-1A 与 Landsat 8 数据的北黑高速沿线地表土壤水分遥感反演方法研究[J]. 中国生态农业学报，25（1）：118-126.

程千，王崇倡，张继超，2015. RADARSAT-2 全极化 SAR 数据地表覆盖分类[J]. 测绘工程，24（04）：61-65.

陈海生，刘国顺，刘大双，2009. GIS 支持下的河南省烟草生态适宜性综合评价[J]. 中国农业科学，42（7）：2425-2433.

陈劲松，林晖，邵云，等，2006. 多极化 ASAR 数据在农作物监测中的应用[C]//庄逢甘，陈述彭. 2006 遥感科技论坛暨中国遥感应用协会 2006 年年会论文集. 北京：中国宇航出版社.

陈劲松，林晖，邵云，2010. 微波遥感农业应用研究——水稻生长监测[M]. 北京：科学出版社，陈联裙，朱再春，张锦水，等，2010. 冬小麦遥感估产回归尺度分析[J]. 农业工程学报，26（S1）：169-175.

陈起伟，兰安军，熊康宁，等，2003. 基于遥感光谱特征的喀斯特石漠化信息提取[J]. 贵州师范大学学报，11（4）：82-87.

陈述彭，1979. 遥感在农业科学技术中的应用[M]. 北京：农业出版社.

陈述彭，童庆禧，郭华东，1998. 遥感信息机理研究[M]. 北京：科学出版社.

崔岩梅，倪国强，钟堰利，等，2000. 利用统计特性进行图像融合效果分析及评价[J]. 北京理工大学学报，20（1）：103-106.

陈述彭，赵英时，1990. 遥感地学分析[M]. 北京：测绘出版社.

但文红，1999. 喀斯特峡谷农业可持续发展模式研究——以贵州省花江峡谷为例[J]. 中国岩溶，18（3）：251-256.

邓书斌，2014. ENVI 遥感图像处理方法（第 2 版）[M]. 北京：高等教育出版社.

丁娅萍，陈仲新，2014. 基于最小距离法的 RADARSAT-2 遥感数据旱地作物识别[J]. 中国农业资源与区划，35（6）：79-84.

杜今阳，2006. 多极化雷达反演植被覆盖地表土壤水分研究[D]. 北京：中国科学院遥感应用研究所.

段爱旺，1996. 作物群体叶面积指数的测定[J]. 灌溉排水，15（1）：50-53.

费丽娜，2007. 云南省烟草种植区划适宜性评价研究[D]. 昆明：昆明理工大学.

符勇，周忠发，贾龙浩，等，2014a. 基于 SAR 技术的贵州喀斯特山区烟草估产模型[J]. 湖南农业科学，53（9）：2156-2159.

符勇，周忠发，王昆，等，2014b. 基于贵州喀斯特高原山区的烟草种植适宜性研究[J]. 江苏农业科学，42（9）：92-95.

符勇，2015a. 高分辨率星载 SAR 在高原山地烟草产量估测中的应用研究[D]. 贵州师范大学.

符勇，周忠发，王昆，等，2015b. 基于 SAR 技术的高原山区烟草估产模型[J]. 江苏农业科学，43

（2）：393-396.

高程程，惠晓威，2010. 基于灰度共生矩阵的纹理特征提取[J]. 计算机系统应用，19(6)：195-198.

贵州省林业厅，2014. 贵州省2013年林地年度变更调查成果报告[R].

郭华东，1991. 雷达地质及其进展. 见：郭华东主编. 雷达图像分析及地质应用[M]. 北京：科学出版社：1-10，61-70.

郭华东，1999. 中国雷达遥感图像分析[M]. 北京：科学出版社.

郭华东，2000. 雷达对地观测理论与应用[M]. 北京：科学出版社.

韩桂红，2013. 干旱区盐渍地极化雷达土壤水分反演研究[D]. 乌鲁木齐：新疆大学.

侯瑞，谭志祥，黄国满，2009. 新型高分辨率星载SAR卫星-TerraSAR-X[J]. 中国科技论文在线：1-10.

胡包钢，赵星，严红平，等，2001. 植物生长建模与可视化——回顾与展望[J]. 自动化学报，27(6)：816-835.

胡九超，周忠发，王瑾，2014. 基于单时相双极化TerraSAR-X数据在高原山区烟草的识别[J]. 湖北农业科学，(23)：5851-5854.

胡钟胜，杨春江，施旭等，2012. 烤烟不同移栽期的生育期气象条件和产量品质对比[J]. 气象与环境学报，28(2)：66-70.

化国强，肖靖，黄晓军，等，2011. 基于全极化SAR数据的玉米后向散射特征分析[J]. 江苏农业科学，39(3)：562-565.

黄对，王文，2014. 基于粗糙度定标的IEM模型的土壤含水率反演[J]. 农业工程学报，30(19)：182-190.

贾坤，李强子，田亦陈等，2011. 微波后向散射数据改进农作物光谱分类精度研究[J]. 光谱学与光谱分析，31(2)：484-487.

贾龙浩，周忠发，李波，2012. SAR在喀斯特山区烟草生长监测中的应用探讨[J]//单杰. 第十八届中国遥感大会论文集. 北京：科学出版社.

贾龙浩，周忠发，李波，2013. 高分辨率SAR在喀斯特山地烟草生长建模中的应用探讨[J]. 中国烟草科学. 34(5)：104-107.

贾明权，2013. 水稻微波散射特性研究及参数反演[D]. 成都：电子科技大学.

姜景山，2000. 中国微波遥感的现状与未来——微波遥感专辑代序[J]. 遥感技术与应用，15(2)：71-73.

李开丽，蒋建军，茅荣正，等，2005. 植被叶面积指数遥感监测模型[J]. 生态学报，(06)：1491-1496.

李俐，王荻，王鹏新，等，2015. 合成孔径雷达土壤水分反演研究进展[J]. 资源科学，37(10)：1929-1940.

李琦，2011. 被动微波遥感反演土壤水分的实验研究[D]. 哈尔滨：东北大学.

李卫国，2007. 基于遥感信息和产量形成过程的小麦估产模型[J]. 麦类作物学报，(5)：904-907.

李锡宏，林国平，黎妍妍，等，2008. 恩施州烤烟种植气候适生性与土壤适宜性研究[J]. 中国烟草科学，29(5)：18-21.

李孝良，陈效民，周炼川，等. 2008. 西南喀斯特石漠化过程对土壤水分特性的影响[J]. 水土保持学报，22(5)：198-203.

李震，廖静娟. 2011. 合成孔径雷达地表参数反演模型与方法[M]. 北京：科学出版社.

李智峰，朱谷昌，董泰锋，2011. 基于灰度共生矩阵的图像纹理特征地物分类应用[J]. 地质与勘探，17(3)，456-461.

梁军，2007. 雷达干涉测量及其在青藏铁路沿线地面形变监测中的应用研究[D]. 成都：成都理工大学.

梁天刚, 崔霞, 冯琦胜, 等, 2009. 2001—2008 年甘南牧区草地地上生物量与载畜量遥感动态监测 [J]. 草业学报, 18(6): 12-22.

廖娟, 周忠发, 李波, 等, 2014. 基于高分辨率 SAR 数据的高原山区烟草后向散射特征分析[J]. 中国烟草科学, 35(6): 74-79.

廖娟, 周忠发, 王昆, 等, 2016. 基于 SAR 提高喀斯特地区 LUCC 光谱分类精度研究[J]. 中国农业资源与区划, 37(1): 50-56.

刘国顺, 2003. 烟草栽培学[M]. 北京: 中国农业出版社: 58-67.

刘海岩, 牛振国, 陈晓玲, 2005. EOS-MODIS 数据在我国农作物监测中的应用[J]. 遥感技术与应用, (05): 531-536.

刘景正, 2007. 基于特征的 SAR 影像匹配技术研究[D]. 郑州: 解放军信息工程大学.

刘军, 赵少杰, 蒋玲梅, 等. 2015. 微波波段土壤的介电常数模型研究进展[J]. 遥感信息, 30 (1): 5-13.

刘婷, 任银玲, 杨春华, 等, 2001. "3S" 技术在河南省冬小麦遥感估产中的应用研究[J]. 河南科学, 19(4): 429-432.

刘彦, 关欣, 罗珊, 等, 2010. 遥感技术在作物生长监测与估产中的应用综述[J]. 湖南农业科学, (11): 136-139.

刘云华, 屈春燕, 单新建, 等, 2010. SAR 遥感图像在汶川地震灾害识别中的应用[J]. 地震学报, (02): 214-223, 256.

龙晓闵, 周忠发, 张会, 等, 2010. 基于 NDVI 像元二分模型植被覆盖度反演喀斯特石漠化研究——以贵州毕节鸭池示范区为例[J]. 安徽农业科学, 38(8): 4184-4186.

卢小平, 2012. 遥感原理与方法[M]. 北京: 测绘出版社.

骆剑承, 周成虎, 梁怡, 等, 2002. 有限混合密度模型及遥感影像 EM 聚类算法[J]. 中国图象图形学报, 7(4): 336-340.

孟侃, 1982. 微波遥感[M]. 武汉: 华中工学院出版社.

倪维平, 边辉, 严卫东, 等, 2009. TerraSAR-X 雷达卫星的系统特性与应用分析[J]. 雷达科学与技术, 07(1): 29-34.

瞿继双, 王超, 王正志, 2002. 基于数据融合的遥感图像处理技术[J]. 中国图象图形学报, 7A (10): 985-993.

任琦, 许有田, 郭庆堂, 等, 2009. QuickBird 遥感影像数据处理方法的探讨[J]. 测绘科学, 34(s1): 31-33.

邵丽, 周冀衡, 陶文芳, 等, 2012. 植烟土壤 pH 值与土壤养分的相关性研究[J]. 湖南农业科学, (03): 52-54. 。

邵岩, 宋春满, 邓建华, 等, 2007. 云南与津巴布韦烤烟致香物质的相似性分析[J]. 中国烟草学报, 13(4): 19-25.

邵芸, 2000. 水稻时域散射特征分析及其应用研究[D]. 北京: 中国科学院.

邵芸, 范湘涛, 刘浩, 2001a. 基于目标时域散射特性的土地覆盖类型分类研究[J]. 国土资源遥感, (04): 40-49, 67.

邵芸, 郭华东, 范湘涛, 等, 2001b. 水稻时域散射特征分析及其应用研究[J]. 遥感学报, 5 (5): 340-344.

邵芸, 廖静娟, 范湘涛, 等, 2002. 水稻时域后向散射特性分析: 雷达卫星观测与模型模拟结果对比 [J]. 遥感学报, 6(6): 440-449.

舒宁, 2000. 微波遥感原理[M]. 武汉: 武汉大学出版社.

舒士畏，赵立平，1989．雷达图像及其应用[M]．北京：中国铁道出版社．

谭炳香，李增元，李秉柏，等，2006．单时相双极化 ENVISAT ASAR 数据水稻识别[J]．农业工程学报，22(12)：121-127．

唐克，魏琪，杜涛，2010．基于支持向量机的高空无人机侦察目标识别[J]．火力与指挥控制，35(3)：82-99．

唐幼纯，范君晖，2011．系统工程：方法与应用[M]．清华大学出版社．

陶玉国，张春丽，殷红梅，等．2005．喀斯特旅游地开发时序评价研究[J]．中国岩溶，24(4)：331-337．

汪璇，2009．基于 GIS 和计算智能的烤烟生态适宜性评价[D]．重庆：西南大学．

王腋，钱晓刚，彭熙，2006．花江峡谷不同植被类型下土壤水分时空分布特征[J]．水土保持学报，20(5)：139-141．

王东，2014．基于 SAR 图像的植被覆盖下土壤含水量反演方法研究[D]．成都：电子科技大学．

王东胜，刘贯山，李章海，2002．烟草栽培学[M]．北京：中国科学技术大学出版社．

王金梁，秦其明，刘明超，等，2011．基于 NDVI 优化选择的土壤水分数据同化[J]．农业工程学报，27(12)：161-167．

王瑾，周忠发，胡九超，等，2015．石漠化地区现代烟草农业基地单元工程配置对土地利用的影响[J]．江苏农业科学，43(2)：381-384．

王磊，李震，陈权，2006．利用 AMSR-E 微波辐射计对地表粗糙度参数的一种新标定方法[J]．遥感学报，10(5)：656-660．

王佩，2002．SAR 图像相干斑噪声抑制和边缘检测的研究[D]．西安：西北工业大学

王庆，曾琪明，廖静娟，2012．基于极化分解的极化特征参数提取与应用[J]．国土资源遥感，(3)：103-110．

王思砚，苏维词，范新瑞，等，2010．喀斯特石漠化地区土壤含水量变化影响因素分析——以贵州省普定县为例[J]．水土保持研究，17(3)：171-175．

王学强，2014．黑河流域中游盆地玉米作物遥感估产研究[D]．兰州：兰州大学．

吴克华，熊康宁，李坡，等，．2009．不同等级石漠化综合治理的小气候效应——以贵州省花江峡谷为例[J]．地球与环境，37(4)：411-418．

吴克宁，杨扬，吕巧灵，2007．模糊综合评判在烟草生态适宜性评价中的应用[J]．土壤通报，38(4)：631-634．

武文波，康停军，姚静，2009．基于 IHS 变换和主成分变换的遥感影像融合[J]．辽宁工程技术大学学报(自然科学版)，28(1)：28-31．

肖洲，赵争，黄国满，2006．高分辨率机载 SAR 影像判读实验[J]．测绘科学，31(2)：42-43．

熊康宁，陈永毕，陈浒，2011．点石成金——贵州石漠化治理技术与模式．贵阳：贵州科技出版社．

熊康宁，周忠发，等，2002．喀斯特石漠化的遥感——GIS 典型研究[M]．北京：地质出版社．

熊文成，2012．基于环境卫星 CCD 和高分辨率雷达数据的尾矿库监测探析[C]//中国遥感应用协会环境遥感分会、中国遥感应用协会组织与培训交流部．第十六届中国环境遥感应用技术论坛论文集．

徐赣，2007．基于小波的图像融合及去云方法研究[D]．北京：中国科学院．

徐凌，杨武年，廖崇高，等，2012．卫星遥感 TM 及 SAR 数据用于山区构造格局分析——以西藏墨脱地区为例[J]．世界地质，21(4)：390-395．

徐凌，杨武年，濮国梁，2004．利用 DEM 进行多山地区星载 SAR 影像正射校正[J]．物探化探计算技术，26(2)：145-148．

徐茂松，张凤丽，夏忠胜，等，2012．植被雷达遥感方法与应用[M]．北京：科学出版社．

徐培培，2014．近十年来中国林地空间分布变化遥感应用研究[D]．北京：北京师范大学．

徐新刚，吴炳方，蒙继华，2008. 农作物单产遥感估算模型研究进展[J]. 农业工程学报，24（2）：290-298.

许自成，黎妍妍，毕庆文，等，2008. 湖北烟区烤烟气候适生性评价及与国外烟区的相似性分析[J]. 生态学报，28(8)：3832-3838.

阎雨，陈圣波，田静，等，2004. 卫星遥感估产技术的发展与展望[J]. 吉林农业大学学报，26（2）：187-191.

阳方林，郭红阳，2002. 像素级图像融合效果的评价方法研究[J]. 测试技术学报 16(4)：276-279.

杨邦杰，裴志远，周清波，等，2002. 我国农情遥感监测关键技术研究发展[J]. 农业工程学报，18（3）：191-194.

杨贵军，岳继博，李长春，等，2016. 基于改进水云模型和 Radarsat-2 数据的农田土壤含水量估算[J]. 农业工程学报，32(22)：146-153.

杨尽利，周忠发，赵正隆，等，2013. 基于 ALOS 影像的喀斯特山区草地类型提取研究[J]. 中国农业资源与区划，34(6)：81-85

杨沈斌，申双和，张萍萍，等，2007. ENVISATASAR 数据用于大区域稻田识别研究[J]. 大气科学学报，30(3)：365-370.

杨沈斌，李秉柏，申双和，等，2008. 基于多时相多极化差值图的稻田识别研究[J]. 遥感学报，12（4）：613-618.

杨文娟，肖致强，龙皓，2013. 清镇市区空气质量评价与污染防治对策[J]. 环境科学导刊，（02）：97-99.

杨扬，2006. 河南省烟草的生态适宜性评价及种植区划研究[J]. 河南农业大学，(6)：31-38.

杨争，2012. 临安市山核桃遥感估产研究[D]. 临安：浙江农林大学.

姚云军，秦其明，赵少华，等，2011. 基于 MODIS 短波红外光谱特征的土壤含水量反演[J]. 红外与毫米波学报，30(1)：9-14.

尹作霞，杜培军，2007. 面向对象的高光谱遥感影像分类方法研究[J]. 遥感信息，(4)：29-32.

尤素萍，蔡本晓，吴跃丽，等，2010. 合成孔径技术和光的衍射理论[J]. 中国现代教育装备，(11)：82-84.

余丽萍，黎明，杨小芹，等，2010. 基于灰度共生矩阵的断口图像识别[J]. 计算机仿真：27（4）：24-227.

袁道先，2008. 岩溶石漠化问题的全球视野和我国的治理对策与经验[J]. 草业科学，9(25)：1-6.

原佳佳，武小钢，马生丽，等，2013. 城市绿地土壤呼吸时空变异及其影像因素[J]. 城市环境与城市生态，6：1-5.

岳跃民，张兵，王克林等，2011. 石漠化遥感评价因子提取研究[J]. 遥感学报，(04)：729-736.

张露，李新武，杜鹤娟，等，2010. 玉米作物极化 SAR 数据模拟[J]. 遥感学报，14(4)：621-636.

张建华，2000. 作物估产的遥感——数值模拟方法[J]. 干旱区资源与环境，14(2)：82-86.

张萍萍，申双和，李秉柏，等，2006. 水稻极化散射特征分析及稻田分类方法研究[J]. 江苏农业科学，(1)：148-152.

张岩，2014. MATLAB 图像处理超级学习手册[M]. 北京：人民邮电出版社.

张艳楠，2010. 遥感估产技术研究现状与展望[J]. 现代农业科技，(7)：52，56.

张艳宁，李映，2014. SAR 图像处理的关键技术[M]. 北京：电子工业出版社.

张云柏，2004. ASAR 影像应用于水稻识别和面积测算研究——以江苏宝应县为例[D]. 南京：南京农业大学.

张韫，2011. 土壤·水·植物理化分析法[M]. 北京：中国林业出版社.

赵春霞，钱永祥，2004. 遥感影像监督分类与非监督分类的比较[J]. 河南大学学报(自然科学版)，34

（3）：90-93.

赵小杰，种劲松，王宏琦，2001. 合成孔径雷达图像的特征选择[J]. 遥感技术与应用，16（3）：190-194.

赵英时，2013. 遥感应用分析原理与方法[M]. 北京：科学出版社.

周忠发，闫利会，陈全，等，2016. 人为干预下喀斯特石漠化演变机制与调控[M]北京：科学出版社.

朱德举，1996. 土地评价[M]. 北京：中国大地出版社.

朱品国，2012. 扦插繁殖技术在贵州育苗的应用[J]. 现代园艺，（10）：40-42.

Askne J I H, Dammert P B G, Ulander L M H, et al, 1997. C-band repeat-pass interferometric SAR observations of the forest[J]. IEEE Transactions on Geoscience & Remote Sensing, 35(1): 25-35.

Attema E P W, Ulaby F T, 1978. Vegetation modeled as a water-cloud[J]. Radio Science, 13(2): 357-364.

Barrett B W, Dwyer E, Whelan P, 2009. Soil moisture retrieval from active space borne microwave observations: An evaluation of current techniques[J]. Remote Sensing, 1(3): 210-242.

Bériaux E, Waldner F, Collienne F, et al, 2015. Maize Leaf Area Index Retrieval from Synthetic Quad Pol SAR Time Series Using the Water Cloud Model[J]. Remote Sensing, 7(12): 16204-16225.

Bindlish R, Barros A P, 2001. Parameterization of vegetation backscatter in radar-based, soil moisture estimation[J]. Remote Sensing of Environment, 76(1): 130-137.

Chanhan N S, LeVine D M, Lang R H, 1994. Discrete scatter model for microwave radar and radiometer response to corn: comparison of theory and data[J]. IEEE Transactions on Geoscience and Remote Sensing, 32(2), 416-426.

Elachi C, 1988. Spaceborne Radar Remote Sensing: Applications and Techniques[M]. New York: IEEE Press.

Elachi C, Zimmerman P D, 1987. Introduction to thephysics and techniques of remote sensing[J]. Physics Today, 41(11): 126-126.

Gherboudj I, Magagi R, Berg A A, et al, 2011. Soil moisture retrieval over agricultural fields from multi-polarized and multi-angular RADARSAT-2 SAR data[J]. Remote Sensing of Environment, 115(1): 33-43.

Guérif M, Duke C, 1998. Calibration of the SUCROS emergence and early growth module for sugar beet using optical remote sensing data assimilation[J]. European Journal of Agronomy, 9(2-3): 127-136.

Haralick R M. Dinstein I, Shanmugam K, 2012. Textural features for image classification[C]//IEEE Trans Syst Man Cybern.

Hodges T, Botner D, 1987. Using the CERES-Maize model to estimate production for the U. S. Corn Belt[J]. Agricultural & Forest Meteorology, 40(4): 293-303.

Hoekman, 1985. Radarbackscattering of forest stand[J]. Int. J. Remote Secs. , 6(2): 325-343.

Jackson T J, Schmugge T J, 1991. Vegetation effects on the microwave emission of soils[J]. Remote Sensing of Environment, 36(3): 203-212.

Jin X, Yang G J, Xu X G, et al, 2015. Combined multi-temporal optical and radar parameters for estimating LAI and biomass in winter wheat using HJ and Radarsar-2 data[J]. Remote Sensing, 7(10): 13251-13272.

Karam M A, Fung A K, Antar Y M M, 1988. Electromagnetic wave scattering from some vegetation samples[J]. Geoscience & Remote Sensing IEEE Transactions, 26(6): 799-808.

Kim Y, Jackson T, Bindlish R, et al, 2014. Retrieval of wheat growth parameters with radar vegetation indices[J]. IEEE Geoscience and Remote Sensing Letters, 11(4): 808-812.

Le Toan T，Laur H，et al，1989. Multi-temporal and dual polarisation observation of agricultural vegetation covers by X-band SAR images[J]. IEEE Transactions of Geoscience and Remote Sensing，27(6)：709-718.

Lu D，Weng Q，2007. A survey of image classification meth-ods and techniques for improving classification perform-ance[J]. Journal of Remote Sensing，28(5)：823-870.

Macqueen J，1967. Some methods for classication and analysis of multivariata observation [J]. Proceedings of the 5th Berkeley Symposium on Mathematical Statistics and Probability. California：University of California Press：281-297.

Pal N R，Pal S K，1991. Entropy：a new definition and its applications. IEEE Trans Syst Man Cybern [J]. IEEE Transactions on Systems Man & Cybernetics，21(5)：1260-1270.

Piella G，Heijmans H，2003. A new quality metric for image fusion [J]. Proceedings of IEEE International Conference on Image Processing，2：173-76.

Rafael C G，Richard E W，2005. 数字图像处理(第二版)[M]. 北京：电子工业出版社：224-265.

Ribbes F，Le Toan T，1999. Rice field mapping and monitoring with RADARSAT data [J]. International Journal of Remote Sensing，20(4)：745-765.

Saatchi，1995. Estimation ofcanopy water content in konza prairie grasslands using SAR measurements during FIFE[J]. J. GeopHys. Res.，100(D12)：25481-25496.

Shao Y，Fan X T，Liu H，et al，2001. Rice monitoring and production estimation usingmulti-temporal RADARSAT[J]. Remote Sensing of Environment，76：310-325.

Shi W，Zhu C Q，Tian Y，et al，2005. Wavelet-based image fusion and quality assessment[J]. International Journal of Applied Earth Observation and Geoinformation，(6)：241-251.

Toan T L，Laur H，Mougin E，et al，1989. Multitemporal and dural-polarization observations of agricultural aegetation aovers by X-band SAR Images[J]. IEEE Trans Geosci Remote Sensing，27(6)：709-718

Ulaby F T，Moore R K，Fung A K，1982. Microwave Remote Sensing(Volume Ⅱ)：Radar Remote sensing and Surface Scattering and Emission Theory[M]. Bosten：Addison-Wesley Company.

Ulaby F. T，Moore R K，Fung A K，1986. Microwave Remote Sensing：Active，Passive Vol Ⅲ：From Theory to Applications[M]. MA：Artech House.

Ulaby F T，Moore R K，Fung A K，1987. 微波遥感(卷 1-2). 黄培康，汪一飞译. 北京：科协出版社.

Ulaby F T，Elachi C，1990. Radar Polarimetry for Geoscience Applications[J]. Norwood Ma Artech House Inc，5(3)：38-38.

Watson D J，1947. Comparative physiological studies in the growth of field crops. I. Variation in net assimilation rate and leaf area between species and varieties，and within and between years[J]. Annals of Botany，11(41)，41-76.

Zhou P，Ding J，Wang F，et al，2010. Retrieval methods of soil water content in vegetation covering areas based on multi-source remote sensing data[J]. Journal of Remote Sensing，2(5)：369-372.

附件一：烟草基地图片

烟草基地单元图

烟草团棵期样地图

烟草旺长期样地图

烟草成熟期样地图

烟草团棵期覆膜样地图

烟草团棵期经济林套种图

烟草团棵期小麦套种图

成熟期打顶后的烟草

团棵期单株烟草图

旺长期单株烟草图

成熟期单株烟草图

烟田蓄水池工程配置

烟田蓄水池工程配置

烟田蓄水池工程配置

烟草团棵期覆膜工程

野外地物(裸岩地)光谱采集

野外地物(烟草)光谱采集

野外烟田垄距测量

野外烟草株高测量

野外烟草叶片测量

烟草样方测量

烟草样方测量

野外样方遥感调查

烟草育苗基地

烤烟房配置   烤烟房配置

烤烟房配置   烤烟房调查

烤烟房调查   烤烟房烟草参数测量

烤烟房烟草参数测量

烤烟房称烟草鲜重

烤烟房称烟草鲜重

烘干的烟草

附件二：土地利用与石漠化图片

林地（106°12′31″E，26°42′05″N，茶山村）

草地（106°14′29″E，26°43′55″N，马连村）

耕地（106°14′30″E，26°44′13″N，马连村）

水体（106°12′57″E，26°44′03″N，马场村）

裸岩石砾地（106°12′30″E，26°42′12″N，茶山村）

建设用地（106°13′03″E，26°43′03″N，茶山村）

无石漠化（106°14′15″E，26°43′48″N，马连村）

潜在石漠化（106°12′31″E，26°42′31″N，茶山村）

轻度石漠化（106°14′30″E，26°41′53″N，羊坝村）

中度石漠化（106°13′59″E，26°42′32″N，羊坝村）

强度石漠化（106°12′20″E，26°44′09″N，马场村）

极强度石漠化（106°14′31″E，26°43′56″N，马连村）